W0398014

Daniela Overländer

Das kleine

simplify Hundebuch

simplify DOG

Hunde besser verstehen

Das kleine simplify-Hundebuch

ISBN 978-3-8125-0892-6
Bibliographische Information der Deutschen Bibliothek
Die Deutsche Bibliothek verzeichnet diese Publikation
in der Deutschen Nationalbibliographie,
detaillierte bibliographische Daten sind im Internet
über http://dnb.ddb.de abrufbar
Herausgeber: Detlef Koenig, Bonn
Redaktion: Daniela Overländer, Bonn
Lektorat: Patricia Schumacher
Produktmanagement: Patricia Schumacher
Zeichnungen: Werner Tiki Küstenmacher, Gröbenzell
Herstellung: Sebastian Gerber, Bonn

Design: Gerd Wilms, Bornheim
Druck: Druckhaus Köthen

VNR Verlag für die Deutsche Wirtschaft AG
Eingetragen: Amtsgericht Bonn HRB 8165
Vorstand: Helmut Graf, Bonn
Besucheradresse: VNR Verlag für die Deutsche Wirtschaft AG
Theodor-Heuss-Str. 2-4, 53177 Bonn,
(Großkundenpostleitzahl: 53095 Bonn)
Kundenservice-Tel.: (0228) 9 55 01 40
E-Mail: info@simplify.de

Liebe Leserin, lieber Leser,

früher gab es in meiner Familie immer Hunde, die so erzogen wurden, wie „man" das eben machte. In meiner Umgebung, in Büchern und bei Züchtern gab es die klassischen „Methoden", mit denen ein Hund „Tricks" oder so genannte Unterordnung lernte. Immer schon habe ich mich gefragt: Was empfindet der Hund eigentlich dabei? Und warum macht er bestimmte Dinge?

Ich beobachtete, ich suchte, ich las – und ich fand Antworten, unter anderem bei Dorit Feddersen-Petersen, Jan Nijboer, Jan Fennell. Jahre später verstand ich plötzlich, was die Hunde in unserer Familie uns hatten sagen wollen! Gleichzeitig hatte ich die Chance, die Erziehung oder besser: die Be-ziehung zu meiner Hündin Elly (Australian Shepherd) von Anfang an auf gesunde „Pfoten" zu stellen – mit Welpen- und Hundeschule und anfangs viel Training zu Hause und unterwegs. Unser Zusammenleben funktioniert ohne Brüllen, ohne Strafe, mit wenigen Worten und besonders mit Gesten. Dabei sind wir lange nicht perfekt, doch die Verständigung wird immer besser, je länger wir uns kennen.

In diesem Büchlein bekommen Sie keine fertigen Rezepte, mit denen Ihr Hund besser funktioniert – jeder Hund und jede Hunde-Mensch-Beziehung haben ihre Eigenarten. Aber Sie bekommen eine ganze Sammlung voller (neuer) Anhaltspunkte, Vorschläge, Beobachtungen und Erfahrungen, mit denen Sie Ihren Hund besser kennen lernen können – und die Sie hoffentlich dazu ermutigen, den Hund als das zu sehen, was er immer noch ist: ein sozial lebendes Beutetier. Ich wünsche Ihnen eine angenehme Lektüre und viele erfüllende Stunden mit Ihrem Hund!

Herzlichst

Ihre

Daniela Overländer (mit Elly)

simplify®dog

4. Verständigung

5. Spielen

1. Hunde in der Menschenwelt

1.1 Rudelchef sein auf „hündisch“ – 7 Faustregeln

Die meisten Hundehalter wissen natürlich, *dass* sie für ihren Hund der „Chef“ sein sollten. Ein Hund sollte in einer Familie immer der Rangniedrigste sein. Die Frage ist nur: *Wie geht das?*

Lernen Sie hündisch – und Ihr Hund wird Ihnen gerne folgen

Von der Züchterin meiner Hündin und in guten Hundeschulen habe ich Regeln über Rudelstrukturen kennen gelernt, die ich früher so eindeutig und klar noch nie gehört hatte. Diese „Faustregeln“ entsprechen dem Verhalten von Hunden untereinander. Und ich weiß von unserem und anderen Hunden: Sie „funktionieren“ tatsächlich und, oh Wunder, jeder Hund versteht sie!

Wir verlangen von unseren Hunden oft, dass sie uns bitte einfach verstehen. Sind wir nicht manchmal einfach zu bequem, uns anders als gewohnt zu verhalten? Ich weiß, dass es ganz schön anstrengend ist, immer und immer wieder konsequent zu sein – aber es lohnt sich, dran zu bleiben ...

Lesen Sie die folgenden Punkte durch und überlegen Sie dabei, wie Sie sich Ihrem Hund gegenüber verhalten würden, wenn Sie diese Regeln wirklich umsetzten. Was wäre anders?

7 simplify-Faustregeln für überzeugende Rudelführer

1. **Liegeplätze:** Der Hund liegt nicht auf erhöhten Plätzen, wie z.B. dem Sofa oder Bett. Außerdem sind sämtliche Plätze im Durchgangsverkehr tabu: Treppenabsätze, Flur, Balkonturen, Haustüre und sonstige Türdurchgänge. Besser: weiter weg von Durchgängen – in Nischen bzw. Ecken, wo er sich aufgehoben fühlt.

2. **Begrüßung:** Lassen Sie sich von Ihrem Hund begrüßen, aber:

Schauen/fassen/sprechen Sie ihn nicht an, solange er „herumwuselt“. Erst, wenn er sich beruhigt hat (das können 10 Sekunden oder auch 10 Minuten sein), rufen Sie ihn heran und streicheln ihn oder sprechen mit ihm.

3. **Fressen:** Kein Futter „einfach so“. Am besten, Sie bieten Futter aus dem Futterbeutel an und kombinieren das Fressen immer mit kurzen Übungen und Suchspielen. Wenn Sie zwischendurch auch einmal aus dem Napf füttern, verlangen Sie vorher eine kleine Übung. Grundsätzlich gilt: Der Rudelfüher hat immer als Erster Anspruch auf Nahrung – er kann also auch jederzeit das Fressen selbst wieder beanspruchen (der Hund muss also auch ausweichen, wenn Sie an seinen Napf gehen).

4. **Besitz:** Der Hund hat *kein eigenes Spielzeug oder sonstigen Besitz zur ständigen freien Verfügung*, das er herumtragen oder an geliebten Plätzen verstecken darf – auch keine liegen gelassenen Kauknochen etc.
   Nehmen Sie Gegenstände einfach weg und platzieren Sie sie unerreichbar. Ab und zu legt der Rudelchef *etwas Schmackhaftes* wie ein Stück Wurst oder Pansen auf den Boden und macht jedem (!), der es nehmen will, nachdrücklich klar (also demonstrativ auch Familienangehörigen), *dass dieses Teil ganz alleine ihm gehört* (drüberbeugen, Hund anschauen, wegschicken, böse gucken). Das sollte zunächst nur die Hauptbezugsperson machen. Grundsätzlich sollte der Hund das von allen (weil ranghöheren) Familienmitgliedern, außer den Kindern, akzeptieren.

5. **Spiele, Ausflüge, Schmusestunde:** *<u>Sämtliche</u> Aktivitäten werden von Ihnen begonnen und beendet.* Aufforderungen des Hundes und unerwünschtes Verhalten werden einfach ignoriert. Rufen bzw. „locken“ Sie den Hund zu sich, wenn er Sie gerade in Ruhe lässt. Streicheln Sie ihn überall, kontrollieren Sie Ohren, Maul

und andere Körperstellen (Körperpflege). Streicheln Sie generell bevorzugt von oben über Kopf und Rücken. (Vorsicht bei Kindern: Deren Dominanzgesten akzepiert nicht jeder Hund). Beenden Sie Ihre Zuwendung (das Spiel, den Rundgang draußen), bevor Ihr Hund die Sache selber für beendet erklärt. Nach Ausflügen oder Spielen eignet sich besonders „gezielte“ Entspannung: ein wenig „Massage“ oder ein Kauknochen auf seiner Decke.

6. **Sicherheit:** Der Mensch nimmt die Rolle dessen ein, *der ALLE Angelegenheiten regelt,* und zwar möglichst mit Souveränität und Gelassenheit, z. B. als Erster den Besuch begrüßen. Der Mensch kontrolliert auch, was hinter dem Gartenzaun und unterwegs so passiert – und schützt seinen Hund vor Gefahren. Daher braucht der Hund nicht ständig zu bellen, Eindringlinge bzw. Fremde zu verscheuchen.

7. **Haustür:** Der Hund macht „Sitz“ vor der Tür, *der Mensch geht zuerst raus.* (Achten Sie mal darauf, wie wichtig es Ihrem Hund ist, sich noch schnell vorbeizuquetschen.)

Diese Regeln sind einfach, aber nicht unbedingt leicht umzusetzen. Sie gehören wie ein Paket zusammen, um dem Hund ein "stimmiges“ Verhalten zu zeigen.

Erst wenn wirklich klar ist, wer der Rudelführer ist, müssen die Regeln nicht mehr ständig penibel eingehalten werden. Der Rudelführer kann dann auch souverän über allem stehen und Toleranz zeigen. Tasten Sie sich voran und probieren Sie aus, wie Ihr Hund reagiert. Je besser Ihnen das Umsetzen gelingt, desto mehr wird Ihr Hund Ihnen freiwillig folgen. Sie „diskutieren“ so praktisch zuerst mal hinter „verschlossenen Türen“ (zu Hause) aus, wer der „Chef“ ist – ganz ohne fremde Hilfsmittel (wie Kettenhalsbänder und sonstige „Erziehungshilfen“). Bedenken Sie: Es kann für einen Hund ganz schön anstrengend sein, immer selbst den Chef spielen zu müssen. *Wenn Sie einen dominanten „Chef“ zu Hause haben oder unsi-*

cher sind, ob es zu Agressivität kommen kann, suchen Sie sich auf jeden Fall einen Hundeerziehungsberater.

Die Grundregeln über richtiges Führungsverhalten werden Ihnen in diesem Buch immer wieder begegnen – jeweils übersetzt für ganz konkrete Situationen im Alltag.

1.2 Wie sieht der Hund die Welt?

Kurzversion eines Hundelebens: Ein Welpe kommt auf die Welt und verbringt die ersten Wochen mit seinen Geschwistern in der Wurfhöhle. Wenn die Kleinen laufen können, beginnen sie zu spielen und wagen sich allmählich vor die Höhle – und rennen sofort wieder hinein, wenn Mutter warnt.

Noch später werden sie mit den erwachsenen Hunden Ausflüge machen, die Welt kennen lernen und auf das Jagen vorbereitet – in der Natur zumindest. Dann sind die Kleinen aber meist schon beim Menschen – ihrem „Herrchen" oder „Frauchen". Von ihm lernen sie (hoffentlich), was fürs Leben wichtig ist, und finden ihren Platz im neuen Rudel. Wenn wir dann mit Hund in unserem menschlichen Lebensraum unterwegs sind, sieht er die Welt immer noch nach diesem Prinzip:

1. Umfeld: Höhle

Das ist Ihr Haus, bzw. die Wohnung

2. Umfeld: Sicherheitszone

Ihr Garten oder eine sichere, ablenkungsarme Übungswiese (ein ablenkungsarmer Parkplatz geht ebenfalls)

3. Umfeld: eigenes und fremde Jagdrevier(e)

Das ist der ganze Rest der Welt: Parks, Wald, Ortschaften, Städte ...

Warum ist das wichtig?

Weil wir es normalerweise für (zu?) selbstverständlich halten, dass unser Hund sich überall adäquat verhalten soll. Haben wir aber immer im Hinterkopf, dass er die Welt in diesen 3 „Zonen" wahrnimmt, werden viele Verhaltensweisen verständlicher.

Z. B., warum ein Hund im Wald nicht einfach spazieren geht, um sich zu erholen wie wir Menschen (er *muss* jagen und „Konkurrenz" im Blick haben). Oder warum er heftig auf Eindringlinge im Garten reagiert (er *muss* die Sicherheitszone verteidigen, wenn der Mensch es nicht tut). Oder warum eine Hundemutter niemals mit einem Welpen die Sicherheitszone verlassen würde (zuerst muss die Verständigung klappen, und der Welpe muss die wichtigsten Lebensregeln „zu Hause" gelernt haben).

Das heißt für den Menschen

Wollen Sie Ihrem Hund ein verlässlicher Anführer sein, verlangen Sie nicht von ihm, dass er im 3. Umfeld – also überall „draußen" – automatisch auf Anhieb hört und alles richtig macht. Viele Probleme entstehen, weil die Kommunikation zwischen Mensch und Hund zu Hause noch nicht richtig funktioniert.

Beginnen Sie alle neuen Übungen im 1. Umfeld

Das heißt: in der Wohnung. Auch mit einem erwachsenen Hund, der bestimmte „Lektionen" noch nicht sicher gelernt hat. Solange Sie in der Wohnung üben, sind diese Lektionen draußen tabu. Nehmen Sie ihn solange z. B. nur noch an der Leine mit heraus – es wird sich auszahlen!

Wenn die Übung in der Wohnung gut klappt, üben Sie dasselbe im Garten oder an einem bekannten, sicheren Platz ohne viel Ablenkung. Erst, was dort sicher klappt, kann in schwierigen Situationen mit mehr und mehr Ablenkung geübt werden (mit fremden

Hunden, Tauben in der Innenstadt, Verkehr, Menschenmengen usw.).

So sorgen Sie dafür, dass Ihr Hund Ihre Anweisungen erst in Ruhe verstehen, sie einüben und später überall befolgen kann. Sie müssen weniger unterbrechen, vermeiden Missverständnisse durch Stress und Ihre Erziehung wird ganz sicher schneller und verlässlicher zum Erfolg führen. Behalten Sie die „3 Umfelder“ stets im Hinterkopf!

1.3 Leckereien abstauben? Völlig normal!

Elly klaut – wie viele Hunde. Dabei können Hunde gar nicht „klauen“. *Ihr Hund verhält sich völlig korrekt, wenn er abstaubt, was liegen bleibt.* In der Grillsaison kann es ja öfter mal vorkommen, dass etwas besonders Leckeres unbeaufsichtigt herumliegt.

Elly hat mir einmal im Winter einen halben (verpackten) Schokoladenkuchen vom Tisch geholt – ich war 5 Minuten aus dem Raum und konnte es nicht fassen, als ich zurückkam. Ich habe natürlich nichts gesagt, denn es war passiert und ich hatte sie nicht „in flagranti“ erwischt. Abgesehen davon, dass Schokolade für Hunde absolut ungesund ist, fand sie das Mahl hervorragend.

Hunde haben keine „Moral“ – nur Besitzdenken

Der Rudelchef darf ja bekanntlich zuerst fressen. Wenn Sie nun an etwas sooo Leckerem „kein Interesse“ mehr haben, sich abwenden oder aus dem Raum gehen, darf Ihr Hund aus seiner Sicht dran. Er nutzt seine Chance. Manche Hundebesitzer haben das große Glück, dass ihr Vierbeiner eben einfach nichts abstaubt. Das ist beneidenswert, aber die anderen können beruhigt sein: Ihre Hunde sind weder frech noch ungezogen, sondern einfach „hündisch“.

Auch, wenn es immer wieder zu hören ist: *Hunde haben kein „schlechtes Gewissen"*. Sie denken nicht so weit „um die Ecke", dass sie Unrecht tun, wenn sie fressen, was da ist.

Falls Sie öfter schon mal geschimpft haben, wird Ihr Hund Sie gut kennen. Er nimmt wie ein Seismograph Ihre Stimmung wahr und wird sich evtl. ducken („Ich bin gar nicht da.") oder in die Ecke verziehen, weil Sie „so komisch" sind. Er kann Ihr Verhalten nicht deuten bzw. verknüpfen, wenn Sie später als 2 Sekunden nach der „Tat" noch anfangen zu schimpfen. Er sieht nur Ihre Stimmung (Körperhaltung, Blick, Stimmlage) und reagiert darauf.

Manche Hunde haben sogar Angst vor Herrchen und finden „ihren Menschen" dann insgesamt ziemlich unberechenbar.

Grillfleisch und Schokolade „besitzen"

Sie können nur eines tun, um das „Klauen" zu verhindern: Beugen Sie sich deutlich über den Leckerbissen und schauen Sie Ihren Hund böse an (so zeigen Sie Besitzverhalten; ruhig auch mal Zähne fletschen) – notfalls hilft beim 1. Mal ein Nackenstoß, wenn Ihr Hund an das Essen will.

Dann gehen Sie weg und üben „Fernkontrolle" aus – fixieren Sie Ihren Hund weiter („Ich habe dich genau im Blick!") – und sobald er wieder an das Essen möchte, machen Sie ihm noch einmal klar, dass das IHNEN gehört. Normalerweise wird er dann davon ablassen, und Sie können in Ruhe grillen, die Kaffeetafel decken oder was immer Sie tun. Wenn Sie allerdings außer Reichweite gehen, ist Ihr Hund auf der Siegerseite.

Elly hat mich jedenfalls so gut „erzogen", dass ich nie mehr etwas Essbares lange herumliegen lasse – ist ja auch nicht so schlecht.

1.4 Der Hundeplatz trainiert Ihren Hund nicht

Mancher Hundehalter kennt das: Der Hund hört gut – aber nur auf dem Hundeplatz. Nach einer Weile mit regelmäßigen Besuchen dort, sagen wir samstags, 14:00 Uhr, kennt er das Prozedere. Er „freut“ sich schon beim Losfahren und springt vor Herrchen/Frauchen her (endlich ist „Action“ in Sicht!); vielleicht bellt er aufgeregt im Auto.

Angekommen, geht er im Idealfall „bei Fuß“, kommt auf Rufen, folgt „Sitz“, „Platz“ usw. Um 17:00 Uhr ist zu Hause – nach einem Nickerchen – schnell alles wieder beim Alten: Er lässt sich nicht zurückrufen, wenn es an der Tür klingelt oder eine Katze in Sicht ist. Er bellt am Gartenzaun, legt sich zum Schlummern auf Herrchens Füße oder gibt deutlich zu verstehen, wenn er „Gassi gehen“ will.

All diese Dinge nehmen wir oft nicht richtig wahr – wir waren doch schließlich trainieren und haben unsere „Pflicht“ getan. Dabei hatte der Hund offenbar die Übungen nur mit der Hundeplatz-Situation verknüpft. Aber wie soll er so lernen, wie er sich im Alltag verhalten soll?

Das Problem: Wir lassen uns leicht dazu verführen, die Hunderziehung „auszulagern“

Auf dem Trainingsplatz folgen wir brav den Anweisungen der Hundetrainer, aber außerhalb der Hundestunden, im praktischen Alltag vergessen wir die Regeln wieder oder wissen einfach nicht, wie wir es besser machen.

Und: *So manches wichtige Verhalten können wir auf dem Hundeplatz gar nicht üben.* Wir können dem Hund dort nicht zeigen, wie er mit Besuch umgehen, wo er sich hinlegen oder wo er nicht drangehen soll – das müssen wir erst mal zu Hause „ausdiskutieren“.

Was dagegen nur in einer Hundeschule möglich ist: In fremder Umgebung kontrolliert die eingeübten Signale festigen, vielleicht neue dazunehmen und besonders den entspannten Umgang mit anderen Hunden und Menschen lernen.

Dabei ist zu bedenken: *Viele Hunde kommen völlig unvorbereitet in eine Trainingsstunde* und haben logischerweise Stress in einer solchen Situation. Sie verteidigen Herrchen oder Frauchen gegen andere Hunde, sie sollen plötzlich Dinge tun, die sonst niemand wichtig findet, usw. Im schlechtesten Fall lernt der Hund dort nur, dass Hundeplatz Stress pur bedeutet. Deshalb an dieser Stelle ein kleiner Wegweiser für die richtige Hundeschule.

Solche Hundeschulen besser meiden

Schauen Sie sich ein paar Hundeschulen an, um einen Eindruck zu bekommen. Es gibt große Unterschiede! Wie sind Ton und Umgang dort?

Meiden Sie solche, wo Folgendes üblich ist: Es wird dauernd laut gebrüllt, gerufen, alles klingt hauptsächlich streng und autoritär – sie hören schon von weitem aufgeregtes und nicht endendes Gebell sehr vieler Hunde. Die Hunde laufen z. B. ständig an der Leine im Kreis herum und üben nur „Unterordnung". Bei Welpenstunden sind viel zu viele Welpen auf einmal da, und niemand kontrolliert das Geschehen, sondern es wird möglicherweise sogar woanders Kaffee getrunken.

Leitfaden: Das macht eine gute Hundeschule

1. Ein(e) Trainer(in) führt ein erstes Gespräch mit Ihnen, am besten bei Ihnen zu Hause! Er/sie bekommt so einen Eindruck von „Ihrem Ablauf" und lernt den Hund auch in seinem Umfeld kennen. Er kann Ihnen fundiert ein wenig Theorie vermitteln (Instinkte und Verhalten des Hundes) und erklärt, wie er arbeiten will. Vielleicht zeigt er Ihnen schon ein paar wichtige Grundregeln, die Sie zu

Hause einhalten sollten. Gut ist natürlich, wenn Sie ein gemeinsames Endziel für das Training festlegen.

2. In der Hundestunde sind nicht ständig mehr als ca. 7 Teilnehmer. Die Hunde haben pro Gruppe einen ähnlichen Trainingsstand. Sie bekommen trotzdem auch unterschiedliche Übungen, die zum jeweiligen Hund und seinem Menschen passen. Gut ist immer, wenn solche Stunden relativ ruhig ablaufen – oder nur gezielt „Ablenkung" geübt wird.

3. Der Hundetrainer beobachtet reihum aufmerksam die Teilnehmer mit Ihrem Hund und kann ihnen sagen, wie sie Ihrem Hund etwas besser vermitteln können.

4. Er gibt Ihnen so etwas wie „Hausaufgaben" auf, lässt sich für die Stunden immer eine neue Herausforderung einfallen und weiß noch, was in der letzen Stunde geübt wurde. Am Anfang oder Ende der Stunde wird der Stand der Dinge besprochen.

5. Er achtet auf die Beziehung zwischen Hund um Mensch – und nicht auf „blinden Gehorsam". Er „dressiert" also nicht den Hund, sondern schult vor allem den Menschen im richtigen Umgang mit dem Hund.

6. Die Hundeschule bietet Training in verschiedenen Situationen an, z. B. „Stadttraining" in der Fußgängerzone, einen „Hundeausflug" mit mehreren Hunden, „Abschalten" in einer Gaststätte usw. Für regelmäßiges Beschäftigung gibt es Angebote wie Treibball oder Agility.

Legen Sie Wert darauf, jemanden zu finden, dem Sie sich „anvertrauen" können. Nicht zu vergessen: Ein gutes Training bringt Ihnen innerhalb einer begrenzten Zeit bei, Ihren Hund allein zu erziehen und den richtigen Blick zu entwickeln.

2. Mit dem Hund zu Hause

2.1 Besuch kommt: Hund erziehen

Sie kennen eine solche Szene vielleicht aus der Besuchersicht: Sie gehen Freunde besuchen, die einen Hund haben. Sie klingeln und warten vor der Haustür. Hinter der Tür beginnt ein ohrenbetäubendes Gebell. Eine Person öffnet und hält den röchelnden, kläffenden Hund am Halsband fest, damit er Sie nicht anspringt oder nach draußen läuft. Beim Eintreten werden Sie von dem Hund umkreist oder auf Schritt und Tritt verfolgt, weil Sie in die „Höhle“ eindringen.

Meistens passiert ja weiter nichts, hier und da ist aber auch schon mal ein Biss gefolgt. Es ist auch niemandem zu verdenken, wenn er auf diese Weise Angst vor Hunden bekommt.

Wenn Sie selbst einen Hund haben und sich diesen „Begrüßungs-Stress“ ersparen wollen, heißt die Devise: Drehen Sie den Spieß um. Üben Sie mit den folgenden Maßnahmen ein wenig, und Ihr eigener Hund wird das Theater aufhören, wenn Sie Besuch bekommen.

Eine leichte Übung: Flurtüren schließen

Wenn Sie Türen zum Hausflur haben: Schließen Sie alle und lassen Sie den Hund nicht mit zur Tür kommen. Regeln Sie selbst alle Angelegenheiten an der Haustür oder dem Gartentor zuerst – also bevor Ihr Hund sich einmischen kann. Er wird das genau mitbekommen. Sie müssen Ihren Vierbeiner nicht grundsätzlich wegsperren, aber begrüßen Sie zuerst den Besuch, den Handwerker, den Postboten.

Ignorieren Sie jegliches Gebell – das könnte schwer fallen und Geduld erfordern, wenn ein Hund sich dieses Verhalten schon sehr angewöhnt hat. Bleiben Sie dabei – wenn's geht, möglichst entspannt und gleichgültig! Wenn Sie nur kurz an der Haustür ein Paket entgegennehmen mussten und wieder zurückkommen, sprechen und gucken Sie erst wieder zu Ihrem Hund, wenn dieser ruhig ist, am besten wenn er liegt.

Für Fortgeschrittene: auf die Decke

Wenn Ihr Hund das Signal „Decke“ oder etwas dergleichen kennt, mit dem Sie ihn auf seinen Platz schicken, dann üben Sie so: Wenn es klingelt, schicken Sie ihn auf die Decke (er wird versuchen aufzustehen oder nur widerwillig liegen bleiben – bleiben Sie dran und bleiben Sie ruhig).

Erst wenn der Besuch hereingekommen ist, sich gesetzt und den Hund bis dahin ordentlich ignoriert hat, darf Ihr Hund aufstehen. Gut funktioniert auch, wenn Sie ihm einen Kauknochen geben, den er auf der Decke knabbern darf. (Wenn er den herumtragen will, abnehmen – nur auf der Decke knabbern lassen.)

Sie können das auch in Trockenübung machen: Ein Familienmitglied klingelt, und dabei sagen Sie gleichzeitig „Decke“.

Faustregel: Dranbleiben!

Es wird bestimmt nicht beim ersten Versuch alles ruhig ablaufen. *Wenn Ihr Hund weiterbellt:* Ihn wie Luft behandeln, bis er ruhig ist (darüber könnte er schon ganz schön erstaunt sein und vielleicht mit anderen Tricks versuchen, Ihre Aufmerksamkeit zu bekommen.) Das Ruhigsein mit Aufmerksamkeit belohnen.

Wenn er von der Decke aufsteht: Ihn bestimmt und ruhig mit deutlicher Geste zurückschicken. Wenn er mal ein wenig liegen bleibt und ruhig ist, belohnen, z. B. einen Kauknochen geben. Diese Übung können Sie dann immer weiter ausdehnen.

Es geht hier vor allem darum: Sie vermitteln Ihrem Hund dass er sich nicht um Besuch („Eindringlinge“) kümmern muss. Er wird das mit der Zeit verstehen. Mit dem Deckentraining können Sie sein Verhalten umlenken: „Aha, es klingelt – ich gehe auf die Decke und darf knabbern.“

2.2 Besuch kommt: Besuch erziehen

Das Besucher-Thema ist ein Dauerbrenner in der Hundeerziehung. Sie wollen nicht, dass Ihr Hund zu Hause Besucher anspringt, anbellt oder sogar attackiert. Sie wissen, dass Sie Ihrem Hund deshalb vermitteln müssen: Jede Begegnung mit „Fremden" ist IHR Job. Begrüßungen sollen für Ihren Hund einfach uninteressant werden – eine total normale Sache, für die er sich nicht zuständig fühlen soll. So weit, so gut.

Die Praxis hat so ihre Tücken. Neulich erreichte mich die Frage: Wie „erziehe" ich denn die Menschen, wenn ich Besuch bekomme – und der z. B. dauernd meinen Hund anfasst?

Eine berechtigte Frage. Wenn jeder sich zu Ihrem Hund herunterbeugt, ihn ruft, anfasst, mit Begeisterung auf ihn einredet (vielleicht auch noch mit „Quietsch-Stimme") – wie zum Kuckuck soll er lernen, gleichgültig damit umzugehen? Unmöglich! All Ihre Versuche, den Hund zurückzuhalten (z. B. auf seiner Decke), werden kaputt gemacht. Es gibt nur eine Lösung:

Sagen Sie jedem Besucher: Bitte den Hund ignorieren!

Leichter gesagt als getan. Ich selbst hatte zuerst Schwierigkeiten, dieses Anliegen „an den Mann" zu bringen.

Dennoch: Erklären Sie dem Besuch Ihr Ziel und geben Sie freundliche Anweisungen. Manchmal ist das Ignorieren zuerst für alle leichter, wenn Sie den Hund an seinem Platz angebunden lassen. Sagen Sie etwa Folgendes:

Unser Hund soll von Anfang an/jetzt lernen, dass er niemanden anspringen/anbellen/angreifen darf. Deshalb soll „Bello" jetzt einfach nur auf seiner Decke bleiben. Damit er das versteht, ist es immer meine Sache, jeden Besuch zu begrüßen. Wir wollen ja schließlich, dass auch in Zukunft Leute noch gerne zu Besuch kommen!

Bitte hilf mir dabei und

- *tu so, als wäre der Hund gar nicht da,*
- *schau den Hund bitte nicht an,*
- *sprich bitte auch nicht mit ihm*
- *... auch (und gerade dann) nicht, wenn er jetzt bellt/zu dir läuft/sich sehr „freut"/an dir hochspringen will: Bitte dreh dich einfach weg.*
- *Wenn er ruhig ist, kannst du ihn in ein paar Minuten ja noch begrüßen.* (Aber wirklich nur begrüßen lassen, wenn der Hund sich ruhig verhält).

Viele Leute machen ganz interessiert mit und freuen sich, wenn sie etwas über Hunde dazugelernt haben. Bedanken Sie sich für die tolle Mithilfe! Mit der Zeit wissen Ihre Besucher, wie das bei Ihnen so läuft, und halten sich daran.

Widerwilligen nachgeben?

Manche Leute sind aber auch völlig verdutzt oder verstehen nicht, was das soll. Einige wollen sich mit so etwas auch gar nicht befassen. Denn sie sind ja „Hundeliebhaber" (wirklich?) und wollen lieber ihrem eigenen Streichelbedürfnis nachgeben. Wo bleibt denn die Freude an einem Tier, wenn man es nicht ansprechen darf?

Leicht drückt man ein Auge zu und lässt den Besuch gewähren. Man will jetzt keine Affäre daraus machen, kein Spielverderber sein, oder sich nicht so anstellen. Aber: SIE leben mit Ihrem Hund zusammen und baden die Konsequenzen aus – der Besuch geht wieder nach Hause.

Wenn ein Hund ernsthafte Probleme mit „Eindringlingen“ hat, wirft Sie dieses Nachgeben im Training um Lichtjahre zurück. Der Hund kann nicht lernen, dass SIE ein verlässlicher Partner sind.

Auch wenn Ihr Hund Besuchern „gar nichts tut“: Er kann nicht verstehen, dass er vielleicht manchmal „so ein bisschen begrüßen“ darf. Erfahrungsgemäß wächst sich „so ein bisschen“ mit der Zeit dazu aus, dass er DOCH die Kontrolle übernimmt – wenn auch augenscheinlich „freundlich“. Bedenken Sie: Dieser Rollentausch wird sich auch im sonstigen Gehorsam (draußen) bemerkbar machen!

Es vereinfacht Ihre ganze Erziehung also ungemein, wenn Sie in Zukunft immer bei der Faustregel bleiben: Jeder Besucher soll Ihren Hund nicht beachten – mindestens so lange, bis der Hund den Besucher nicht mehr beachtet.

Trauen Sie sich, Klartext zu sprechen ...

Ich habe auch schon erlebt, dass jemand am Tisch saß, den Hund anschaute und mit hoher Stimme sagte: „Ohh, duuu bist ja liiieeb. Ich muss dich ignoriiiieeeren!!“

Entscheiden Sie selbst, wie Sie Ihre Menschen „erziehen“. Appellieren Sie an den „Hundeliebhaber“, erklären Sie evtl. nochmals den Sinn der Aktion. Machen Sie freundlich darauf aufmerksam, dass er den Hund gerade wieder beachtet. Oder werden Sie notfalls rigoros: Diskutieren Sie nicht weiter, sondern sagen Sie „Bei uns läuft das eben so.“ Punkt ... Und wechseln Sie das Thema. Wenn alle Erklärungen nicht helfen, kann man den Hund wohl nur noch möglichst gelassen in ein anderes Zimmer bringen – oder eine Weile auf diesen Besuch verzichten.

Zu Ihrer Ermutigung: Es sind meist die „Hundefreunde“, die auf einmal gar nicht mehr so „tierlieb“ sind, wenn der Hund erst einmal angegriffen – oder nur die Hose schmutzig gemacht hat! Sie können also getrost das vertreten, was Sie für richtig halten.

2.3 Alleinebleiben lernen

Ein Graus für jeden Nachbarn: Nebenan jault und bellt stundenlang ein Hund, weil seine Menschen ihn allein zu Hause lassen. Auch für die Hunde selbst ist das oft Stress pur: Das Rudel zieht los, und er darf nicht mit – für ein soziales Tier ist das zunächst einmal völlig unnatürlich.

Die Ursachen für's Geheule sind vielfältig: Meist ist es *nicht* die Sehnsucht (wie wir gerne annehmen), sondern: Viele Tiere leiden unter *Kontrollverlust.* Sie fühlen sich als Ranghöchster für das Rudel verantwortlich und nehmen sprichwörtlich „die Bude auseinander", weil plötzlich die Rangordnung umgedreht und somit die Sicherheit des Rudels gefährdet wird – schließlich dürfen sich normalerweise nur ranghohe Mitglieder frei bewegen und die anderen kontrollieren. Wie soll das gehen, wenn Hund zu Hause eingesperrt ist? Das (meist hohe, kurze) Bellen ist hier eher *Protest.*

In unserer Gegend wohnt ein Huskie-Mischling der – allein gelassen – lang gezogen heult wie ein Wolf. Huskies sind ganz besonders angwiesen auf ständigen Rudelkontakt. Dieses Heulen ist wohl eher als *Rufen nach den Sozialpartnern* zu deuten – er fühlt sich wirklich einsam.

Es gibt auch Hunde, die alleine ganz ruhig sind und trotzdem mit großer *Angst* in einer Ecke der Wohnung auf ihre Menschen warten. Sie können sich erst wieder entspannen, wenn Herrchen/Frauchen zurückkommt. Sie müssen den Job des Aufpassers übernehmen und kommen mit so einer (ranghohen) Aufgabe nicht gut klar.

Alleinsein ist also nicht gleich Alleinsein.

Die wichtigste Regel: Nur bei Ruhe die Tür öffnen!

Wenn das Bellen und Heulen zu Hause (oder im Auto) schon ein ausgewachsenes Problem ist, hilft nur eine Einzelberatung mit einem Hundetrainer. Meist müssen die Menschen dem Hund erst einmal durch richtiges Verhalten „beweisen“, dass sie gute Rudelchefs sind. Auf jeden Fall aber gilt:

1. Öffnen Sie niemals eine Tür, hinter der Ihr Hund bellt, fiept oder jault! Das würde sein Verhalten bestätigen („Immer wenn ich jaule, geht irgendwann die Tür auf“). Besonders bei Welpen und Junghunden ist das entscheidend für später – eine „Kleinigkeit“, die sich garantiert auszahlt.

2. Warten Sie so lange, bis es kurz ruhig ist – dann sofort öffnen. Sie bestätigen also das Ruhigsein. Wenn Sie zum Hund hereinkommen, tun Sie so, als sei alles völlig normal, und lassen Sie den Hund erst links liegen. Evtl. kurz leise loben, aber keine „Affäre“ daraus machen.

3. Üben Sie minutenweise! Fangen Sie ganz klein an – Welpen und Junghunde müssen erst schrittweise lernen, dass Alleinsein „normal“ ist. Gehen Sie öfter mal kurz aus dem Zimmer und schließen Sie eine Tür hinter sich. Kommen Sie zurück und machen Sie „Ihr Ding“. Ihr Hund lernt, dass er räumlich begrenzt ist und nichts passiert. Wenn Sie dann auch mal zum Einkaufen aus dem Haus gehen, ist das schon keine große Aktion mehr. Nach und nach sind auch mehrere Stunden kein Problem. Lassen Sie den Hund zum ersten Mal länger allein, eignet sich dafür der Abend gut (Hund ist satt und müde).

4. Lassen Sie Ihren Hund möglichst nicht im Flur, sondern in einem Zimmer weiter weg von der Haustür. So muss er nicht ständig den Haupteingang bewachen und fühlt sich sicherer.

Dass ein Hund allein zu Hause „anschlägt“ (tieferes Bellen oder Knurren), wenn er draußen Fremde bemerkt, können Sie ihm nicht verdenken. Er übernimmt die Führung, solange er allein ist, und verteidigt „die Höhle“.

Ein gutes Zeichen ist, wenn das wirklich nur in einer akuten Situation vorkommt (Klingeln, Stimmen, Briefträger). Wenn Sie nicht sicher sind, wie Ihr Hund sich alleine zu Hause verhält, filmen Sie in Ihrer Abwesenheit doch einmal das Zimmer – auch als Grundlage für einen Hundetrainer sehr wertvoll.

2.4 Ihr Job: Das Rudel sichern

Meine Hündin Elly ist eine „Mimose“: Wenn sie zu Hause ein komisches Geräusch hört, z. B. von draußen durch ein gekipptes Fenster, spitzt sie sofort die Ohren und bläst die Backen auf – begleitet durch ein kurzes „Wuffff“. Dann schaut mich erwartungsvoll an und scheint zu sagen: „Hey, da ist was ... Kümmere dich drum!“ Sie legt sehr viel Wert auf Sicherheit – andere Hunde würden sich vielleicht gar nicht um solche Kleinigkeiten kümmern.

Wenn es ihr wirklich ernst scheint, stehe ich kurz auf und gehe zum Fenster – oder schaue zumindest demonstrativ „wichtig“ in Richtung „Bedrohung“, und winke schließlich mit einer Handbewegung ab: „Alles o.k.!“ sage ich ruhig. Dann ist sie beruhigt und schläft weiter.

Zugegeben, Manchmal ist es lästig, aber im Grunde hat sie Recht. Seit dem Welpenalter habe ich auf leise „Wuffs“ reagiert, um zu verhindern, dass sie sich zum Kläffer entwickelt – und um ihr zu zeigen, dass ich den Chef-Job habe: „Bedrohungen“ von draußen oder Fremden sind meine Sache! Will heißen: Bei mir bist du sicher, deshalb kannst du auch sonst immer auf mich hören.

Ein echter Chef-Job!

Der Ansatz, für den Hund auf Sicherheit zu achten, war mir völlig fremd, bis ich mich ausführlich mit Hundeerziehung beschäftigt habe. Normalerweise sollen Hunde doch das Haus bewachen?! Uns beschützen?! Und: Hunde bellen eben, denkt man so.

Auf den ersten Blick scheint der Zusammenhang weit hergeholt, aber er ist einfach: Wer seinem Hund Sicherheit gibt, taugt auch als Rudelführer.

Um Missverständnisse zu vermeiden: Natürlich bellt Elly auch hin und wieder – und interessiert sich für andere Hunde oder Briefträger an der Tür ABER: Sie hält Blickkontakt zu mir, schaut, was ich mache, und lässt sich zurückrufen. Mehr wollen wir doch gar nicht, oder?

Kleinigkeiten, die Wunder wirken

Wenn Sie an Ihrer Position als Rudelführer „arbeiten" wollen, übernehmen Sie im Alltag diese wichtigen Kleinigkeiten – für Ihren Hund sind das existenzielle Fragen:

- **Sie sind für die „Höhle" (die Wohnung) zuständig:** Halten Sie sich an die schon beschriebenen Verhaltensweisen, wenn Besuch kommt.

- **Sie schauen am Fenster/an der Tür, was da los ist.** Wie oben beschrieben – auch, wenn es Ihnen zuerst etwas albern erscheint: Schauen Sie auch sonst öfter mal VON SICH AUS aus dem Fenster oder der Tür, „checken" Sie demonstrativ die Lage und beachten Sie Ihren Hund dabei nicht – er wird das registrieren.

- **Sie gehen öfter eine Runde am Gartenzaun entlang.** So vermitteln Sie ebenfalls: Ich lasse dich nicht immer alleine das Grundstück sichern, das mache ich selber, dann kannst du draußen sein.

Übrigens: Ein kurzes „Wuff" ist immer ein Signal an den Rudelführer, nachzuschauen. Wenn Ihr Hund das macht – super! Ein gutes Zeichen dafür, dass er Sie als ranghoch betrachtet.

Wenn er früh die Erfahrung gemacht hat, dass auf „Wuffs" niemand reagiert, bellt er inzwischen vielleicht sofort los (tiefer und länger) – und versucht auf eigene Faust, für Sicherheit zu sorgen. Dann ist er wahrscheinlich nicht mehr so leicht zu beeinflussen. Macht nichts! Kümmern Sie sich trotzdem ab jetzt um die „Kleinigkeiten" und haben sie Geduld. Auf lange Sicht wird Ihr Hund wahrscheinlich weniger Stress haben, weniger Grund zu bellen – und besser hören.

2.5 Zuhause gehört alles Ihnen!

Wenn in Ihrer Kindheit jemand an Ihren Teller wollte, um etwas von Ihrem Lieblingsessen abzustauben, haben Sie sich wahrscheinlich darüber gebeugt, die Arme um den Teller gelegt und die Leckerei nach allen Regeln der Kunst verteidigt. Erst mit der Zeit lernen wir als Kind, dass man teilen muss, und später ist das Geben sogar ein Zeichen der Wertschätzung.

Meist unterschätzt: Besitzverhalten

Aus Hundesicht sind wir eigentlich „kulturversaut". Für Hunde gelten nur die Regeln des natürlichen Instinktes. Wir haben diesen Punkt schon gestreift – der Instinkt sagt: *Nur der Rudelchef hat Recht auf allen Besitz!* Was er zwischen den Pfoten hat, ist für die anderen tabu. Er darf den anderen etwas wegnehmen und erst, wenn er es liegen lässt, können sie sich darüber hermachen.

Meist läuft das etwa so: Hund hat einen Kauknochen oder ein Spielzeug, legt sich mit dem Ding ab, Pfote drauf, und kaut darauf herum – oft mit einem Rundblick aus dem Augenwinkel, ob es auch alle mitbekommen. Wer ihm zu nahe kommt (rangniedrig), wird z. B. kurz angeknurrt, wer das missachtet, kassiert womöglich die eindeutigste Strafe: einen Stoß in den Nacken.

Über diese Spielchen tragen Hunde alles mögliche aus: Sie lernen sich kennen (Kommunikation), versuchen schnell klarzumachen, wer hier was zu sagen hat, demonstrieren Stärke und loten ihre Position aus.

Einfach für den Hundehalter – tun Sie's gleich: Wir sind uns meist nicht bewusst, wie wichtig Besitzverhalten für die Rudelordnung ist (und damit die Kontrolle über den Hund). Legen Sie regelmäßig (z. B. alle paar Tage) etwas besonders Leckeres (Pansen, ein Stück Fleischwurst) zwischen Ihre Füße und machen Sie allen (aus Hundesicht auch den Kindern) klar, dass das einzig und allein Ihnen gehört. Zeigen Sie ruhig mal Zähne, schicken Sie alle mit eindeutigen Armgesten weg und seien Sie demonstrativ „überheblich" und ignorant. Packen Sie das begehrte Ding dann wieder weg.

Das Ganze können Sie dann auch mal aus etwas Entfernung durchspielen. Sie haben Ihren Leckerbissen und alle anderen genau im Blick und niemand darf dran – so Sie erzielen auf jeden Fall einen starken Effekt. Lassen Sie Ihrem Hund grundsätzlich keinen Besitz zur freien Verfügung – Sie erleichtern sich das Leben enorm.

Wenn Sie Besitz-Angelegenheiten in den eigenen 4 Wänden konsequent klären, wird Ihr Hund auch sonst anfangen, besser zu folgen, mehr auf Sie achten und Sie wirklich „für voll" nehmen.

Was bedeutet Sachenanschleppen?

Viele Hunde legen ihren Herrchen/Frauchen zur „Begrüßung“ herumliegende Sachen vor die Füße. „Oh, das war so lieb von Bello! Als wir nach Hause kamen, hat er uns sein Stofftier gebracht und ist vor Freude hin- und her gesprungen!“ heißt es dann von den gerührten Besitzern. Die Freude ist verständlich – der Gedanke, dass „Bello“ so etwas macht, verspricht uns Zuneigung.

Das ist eine sehr menschliche Sicht auf den Hund. Die Gegenfrage hieße: Hält ein Hund sich wirklich so an menschliche Geflogenheiten, dass er uns „Geschenke“ macht? ... Und vor lauter Freude alles Herumliegende einsammelt, um es aus Dankbarkeit bei uns abzuliefern?

Hm, bei manchen Hunden müsste man schon deshalb zu zweifeln anfangen, weil sie sich die angeschleppten Sachen nicht aus dem Maul nehmen lassen, sondern lieber vor unseren Augen noch eine stolze Runde damit drehen... Was also sollen diese vermeintlichen Geschenke?

„Ich bin wichtig!“ ...

... heißt das Anschleppen im Klartext. „Schau mal, was ich hier alles habe!“ Das ist nichts anderes als ein ausgeprägtes Besitzverhalten – auch wenn das Ganze sehr freundlich aussieht.

Warum schleppen Hund gerade bei einer Begrüßung so gerne „Besitz“ an? Ganz einfach: Wenn das Rudel getrennt war, klären wir damit sofort wieder die Positionen – das festig das Zusammenleben und erspart spätere Konflikte. Da viele Hunde „Spielzeug“ standig zur freien Verfügung haben, vermitteln die Menschen ihnen damit, dass sie ranghoch sind. Kein Wunder, dass sie die Sachen durch die Gegend tragen, oder?

All das muss nicht gleich verheerende Auswirkungen haben, doch oft folgen diese Hunde nicht sehr zuverlässig. Das haben sie als „ranghohes Mitglied“ ja auch gar nicht nötig!

Im Gegenteil – oft lässt sich noch etwas beobachten: Wenn Mensch bei einer Begrüßung „ungehorsam“ ist, seinem Hund also nicht sofort ausreichend Beachtung schenkt, wird Bello ungeduldig. Er schleppt noch mehr Sachen an, bellt, wedelt hoch ... oder lässt sich irgendetwas erfolgversprechendes einfallen – bis sein Mensch wieder „spurt“.

2.6 Liegeplätze: Auf Ihren Füßen (oder dem Sofa)?

Bei Elly merke ich immer wieder, dass sie äußerst gerne unter dem Tisch Platz nimmt, am dem ich gerade sitze – am liebsten liegt sie direkt mit dem Kopf auf meinen Füßen.

Unwillkürlich mache ich immer mehr Platz und schiebe die Füße eben ein Stück zur Seite – und noch ein Stück, und noch eins – und hänge irgendwann total unbequem auf meinem Stuhl, während sie sich entspannt breit macht.

Schicke oder schiebe ich sie weg, wird „Madame“ plötzlich träge wie ein Sack Muscheln und schaltet erst einmal auf Durchzug. Ich muss dann schon sehr deutlich werden, damit sie mich „in Ruhe“ lässt.

„Och, lass’ sie doch! Sie möchte doch nur bei dir sein“, höre ich dann gelegentlich. Die schlechte Nachricht: Das stimmt nicht! Unsere Hundetrainerin, die zu Anfang bei ihren Kunden immer einen Hausbesuch macht, hat mich darauf gestoßen: Sie sucht nicht Nähe, sondern sie kontrolliert mich. Je genauer ich das Spielchen beobachtete, desto klarer wurde es mir.

Faustregel 1:
Ihr Hund muss Ihnen ausweichen, nicht Sie ihm

Jeder Hund wird versuchen, Sie zum Ausweichen zu bringen, wenn er eine Chance hat – je dominanter er veranlagt ist, desto mehr. Dieses Verhalten gehört zum natürlichen „Aufwärtsdrang“ und ist aus Hundesicht sehr wichtig (wie wichtig, das merken Sie am Widerstand, wenn Sie es plötzlich anders haben wollen). Denn: Der Rudelchef darf sich immer völlig frei bewegen – die anderen machen ihm Platz, wenn er kommt.

Lösung: Steigen Sie nie mehr über Ihren Hund (oder quetschen sich an ihm vorbei), wenn er im Weg liegt. *Laufen Sie grundsätzlich durch ihn durch*, notfalls mit Tippelschritten, damit Sie ihm nicht wehtun. Schicken Sie ihn gleichzeitig mit einer Geste auf seine Decke. Sie haben „es geschafft“ wenn Ihr Hund künftig von allein aufsteht, wenn Sie durch wollen.

Faustregel 2:
Sie bestimmen auch sonst, wo Ihr Hund liegt

Wie schon beschrieben: Der Ranghöchste hält sich an den strategisch wichtigsten Plätzen auf (Gartentor, Haustür, Flur, Türschwellen) – so kann er bei „Gefahren“ am besten sehen und als Erster eingreifen. Der Rest des Rudels hat also die meiste Zeit „frei“ – und mischt sich nur ein, wenn es nötig ist. Wenn der Mensch seine Chef-Aufgaben nicht ordentlich erfüllt, ist das Rudel potenziell in Gefahr, und der Hund wird versuchen, diese Lücke zu füllen.

Lösung: Verbannen Sie den Hauptliegeplatz (Körbchen oder Decke) grundsätzlich aus dem Flur – und platzieren Sie ihn an einen strategisch unwichtigen Ort. Besetzen Sie den Liegeplatz positiv: Der Hund darf nur auf der Decke knabbern bzw. fressen. Wenn er sich immer wieder an Durchgängen platziert, siehe Faustregel 1: Machen

Sie es ihm unbequem! Laufen Sie oft hin- und her, rempeln Sie ruhig mal ein bisschen. Vielleicht müssen Sie das eine Weile praktizieren, aber vielen Hunden wird das mit der Zeit zu anstrengend.

Hund auf dem Sofa?

Meist sieht das so aus: „Couchy“ harrt mit gekonntem Augenaufschlag lange genug aus und hat vielleicht demonstrativ geschnauft, geklimpert, geleckt oder gewedelt (vielleicht hat er als Welpe zufällig gelernt, dass das etwas bringt) – bis wir weich werden: Er darf hoch. Mit einem tiefen Seufzer rollt Couchy sich zusammen, fällt in erholsamen Schlaf und erstrampelt sich („Der Arme hat ja gar keinen Platz“) Zentimeter um Zentimeter...

Oder so? Couchy springt einfach hoch (wie immer), macht es sich bequem und schlummert gemütlich.

Oder sogar so? Couchy knurrt Menschen (Kinder) an, die sich aufs Sofa setzen wollen, weil er in seinem Hoheitsgebiet keine Störung duldet.

Manche Couchys haben sich sogar das Bett erobert und lassen ihre Herrchen/Frauchen nicht mehr herein (Zähne fletschen, knurren). Nun – jeder Hund ist anders, und manche Besitzer würden einen Hund niemals aufs Sofa oder ins Bett lassen. Andere haben das gern, und ihre Hunde sind deshalb noch lange nicht „völlig verzogen“. ABER ...

3 Wahrheiten über Hunde auf dem Sofa

1. **Hunde denken immer hierarchisch – niemals demokratisch.** Ein Hund, der erhöht liegen darf, hat auch „höhere“ Aufgaben – denn auch von höheren Plätzen hat man bessere Sicht, kann die Wohnung bewachen und das restliche Rudel „im Griff“ behalten. Zu den Grundregeln für Liegeplätze gehört auch, dass ein Hund (besonders im 1. Lebensjahr!) niemals auf erhöhten Plätzen liegen sollte. Wir vermitteln ihm sonst die falsche Botschaft.

2. **Hunde kennen keine Ausnahmen.** Unter Hunden ist klar, wer was darf. Kein Alpha-Hund würde auf die Idee kommen, seine „Untertanen" aus Kuschelbedürfnis oder Nächstenliebe „ausnahmsweise" auf seinen Liegeplatz zu lassen. So genanntes „Kontaktliegen" wird erst bei allseits anerkannter Hierarchie geduldet – solange der Chef es zulässt. Manche Hunde nehmen ihre Herrchen einfach nicht mehr ernst oder werden sogar völlig verwirrt und nervös, wenn Sie mal etwas dürfen und mal nicht. *Legen Sie sich lieber mal zu Ihrem Hund auf den Boden, als ihn zu sich hoch zu lassen.*

3. **Hunde testen Sie immer.** Auch wenn Sie bei Ihrem Hund eindeutig der Chef sind: Ihr Hund wird versuchen, eine „Schwachstelle" zu finden – und sie sofort ausnutzen. Das ist normal. Oft ist es sehr amüsant, was Hunde sich so alles einfallen lassen, um uns zu „kriegen". Mir passiert es regelmäßig, dass ich mit der Zeit nachlässig werde, und z. B. auf „Anmachversuche" meiner Hündin Elly reagiere – sie legt fest den Kopf auf mein Bein und seufzt laut: Los, beachte mich! ... und ich folge brav (Nacken kraulen). Wennn man nicht aufpasst, ist der Hund bald Chef – und man hat es gar nicht mitbekommen.

Unterbinden Sie das Sofa-Liegen!

Wenn Sie das Haus verlassen und Ihr Hund in Ihrer Abwesenheit aufs Sofa geht: Legen Sie eine Zeit lang Wäschekörbe o. Ä. auf die Sofas, um diese Plätze zu besetzen. Sie können es dem Hund grundsätzlich nicht verdenken, dass er in Ihrer Abwesenheit sprichwörtlich Ihren Platz einnimmt – erst recht, wenn er es gewohnt ist. Besser ist es, wenn er „auf dem Boden bleibt". Mit den Wäschekörben können Sie Ihre Plätze mit der Zeit zurückerobern: Sie schaffen ein weiteres Puzzelteil für eine klare Rudelordnung und ein zufriedenes Miteinander von Mensch und Hund.

3. Mit dem Hund unterwegs

3.1 Statt Spaziergang: Futterbeutel-Training

Wenn Sie Ihrem Hund – und sich selbst – etwas Gutes tun wollen, dann gibt es künftig vielleicht eine spannendere Variante als den normalen Spaziergang ... Denn: Ein Hund würde nie auf die Idee kommen einen „Spaziergang“ zu machen, um die Natur zu genießen oder „an die Luft“ zu kommen wie Menschen. Ein Hund teilt seinen Tag nicht in „Arbeit“ und „Freizeit“. Hunde-Ausflüge haben immer einen Sinn: das Revier prüfen und Nahrung suchen, also jagen.

Die Lösung: Jagen Sie gemeinsam – einen Futterbeutel (auch „Preydummy“ genannt) – und Sie haben ohne stundenlange Märsche einen zufriedenen Hund und nie mehr ein schlechtes Gewissen, weil Ihr Hund nicht „ausgelastet“ ist. Sie schaffen alles gleichzeitig: beschäftigen, füttern, erziehen, die Verständigung verbessern.

Dieses „Jagdtraining“ können Sie bei schlechtem Wetter sogar im Wohnzimmer machen! Ich habe schon viele Hunde – ob jung oder alt – dabei beobachten können, wie schnell und mit welcher Freude sie lernen, deshalb möchte ich diesen Ansatz des Hundeexperten Jan Nijboer weitergeben.

Voraussetzung: Keine „Leckerchentüte“

Wichtig: Die einzige Nahrungsquelle für Ihren Hund wird der Futterbeutel (die Beute). Pünktliche Mahlzeiten aus dem Napf gibt es also nicht mehr. Stattdessen „erjagt“ der Hund sich mit Ihrer Hilfe seine gesamte Tagesration aus dem Beutel – nicht zu verwechseln mit Belohnungsleckerchen. Stellen Sie sich vor: Sie sind der Rudelchef – Sie bestimmen die Jagd und verteilen dann die Beute. Ihr Hund bekommt diese Beute niemals zur freien Verfügung, d. h. zum Zerfetzen, Herumtragen oder ähnlichem Schabernack – das würde ihm vermitteln, dass er der „Boss“ ist, und wahrscheinlich würde er anfangs versuchen, sich mit dem Beutel aus dem Staub zu machen. Dann wäre der Effekt dahin ...

Das einzige, was Ihr Hund lernen muss: Apportieren

... Und es gibt unter dieser Sonne keinen Hund, der das nicht lernen kann – denn es ist das Natürlichste von der Welt, Nahrung (oder Spielzeuge) von A nach B zu transportieren. Das sehen wir ja an vielen Gegenständen, die unsere Hunde so herumtragen können. Wir müssen sie also davon überzeugen, uns die Beute zu bringen. Dafür ist der Futterbeutel konzipiert: Der Hund bekommt ihn allein nicht auf (wegen Reiß- und Klettverschluss).

Wenn Sie ihn eine Zeit lang nur daraus füttern und den Beutel dabei in der Hand behalten, haben Sie schon mal gute Karten. Er wird lernen: Ich darf jagen, bringe Herrchen/Frauchen die Beute und bekomme davon etwas ab. Klingt das logisch? Dann zur Tat ...

Schritte für den Anfang

Wir können Ihnen hier natürlich kein persönlich zugeschnittenes Trainingsprogramm geben. Dennoch ein paar Starthilfen.

Vorweg: Beobachten Sie Ihren Hund, haben Sie Geduld und seien Sie souverän. Lassen Sie sich nicht auf Machtspielchen ein, sondern geben Sie Ihrem Hund immer wieder die Gelegenheit, etwas richtig zu machen – dann wird er die Botschaft verstehen.

1. Binden Sie (ruhig die ersten Wochen) eine dünne Schnur (z. B. Paketband) an die Schlaufe des Beutels und ziehen Sie diesen über den Boden von ihrem Hund weg – die meisten Hunde sind von dieser Hetzjagd gleich begeistert, der Jagdinstinkt „springt an". Am besten, Sie üben das zunächst alleine zu Hause oder im Garten. Keine Zerrspiele anfangen! Durch die Schnur kann der Hund nicht mit der Beute ausbüchsen.

2. Fasst der Hund den Beutel irgendwann mit den Zähnen (er weiß ja nun schon, dass darin sein Futter ist), sagen Sie sofort – ganz begeistert – ein Apport-Signal (Bring, Apport o. Ä.). Wenn er loslässt, sagen Sie wieder das Signal, nehmen den Beutel an sich und lassen ihn dann einen Happen daraus fressen. Lassen Sie sich aber nicht bedrängen (pföteln, stupsen, bellen). Wichtig: Nicht das Fressen selbst ist die Belohnung, sondern dass er jagen darf. In Zukunft ist also das Schicken zum Beutel der Lohn fürs „Gehorchen".

3. Hält der Hund den Beutel stur fest, umfassen Sie von oben seinen Hals und warten Sie einfach – die meisten Hunde lassen irgendwann los. In diesem Moment sofort wieder begeistert das Signal wiederholen und ein wenig fressen lassen.

4. Wiederholen Sie dieses Spiel mehrmals hintereinander und mehrmals täglich – am besten dann aufhören, wenn es gut geklappt hat. Ihrem Hund wird das Prinzip allmählich klar werden. Das Apport-Signal heißt also: zur Beute gehen, sie aufnehmen, beim Chef abliefern und warten (vorzugsweise hinter dem Menschen, nicht vor dessen Füßen).

Das Schönste daran...

Der Hund darf etwas „Sinnvolles" für sein Fressen tun und verdient sich ein Erfolgserlebnis! Die meisten Hunde sind nach einem solchen (z. B. 20-minütigen) Training viel müder als nach einem Spaziergang – sie müssen schließlich scharf nachdenken, aufmerksam mitmachen und lernen, wie Herrchen/Frauchen die Jagd haben will – das ist ein echtes Gemeinschaftserlebnis und stärkt die Rudelordnung.

Nach und nach wird Ihr Hund den Beutel auf Signal holen, ohne dass eine Kordel daran befestig ist oder er ihn hetzt. Wenn das Apportieren einmal sitzt, sind der Fantasie keine Grenzen gesetzt – die

Jagd kann immer schwieriger werden, Ihr Hund muss z. B. auf halbem Weg zum Beutel stoppen, sich ablegen, dann doch erst einen 2. Beutel holen usw. usw.

Ich wünsche Ihnen viel Erfolg bei den ersten Versuchen und besonders viel Freude bei der gemeinsamen Jagd! Futterbeutel bekommen Sie bei www.natural-dogmanship.de.

3.2 Apportieren: In die Hand oder vor die Füße?

Viele Hunde bringen ihrem Menschen auf Signal zwar einen Gegenstand. Sie geben ihn aber nicht ab, sondern lassen ihn mit etwas Abstand auf den Boden fallen – oft gerade so weit weg, dass Herrchen nicht drankommt.

Was tut Hundebesitzer automatisch? Er hat es eilig, will jetzt nicht extra üben, sondern den Hund „bewegen“: Er bückt sich, hebt das Ding auf und schmeißt es noch mal. Das hat Hund sich gemerkt. Abgesehen davon, dass das ständige Aufheben ganz schön lästig sein kann, hat dieses Szenario mit Apportieren wenig zu tun, denn:

Zum Apportieren gehört das Abgeben!

Genau an diesem Punkt beginnt schnell ein kleines Machtspielchen, wenn wir nicht darauf bestehen, das „Ding“ in die Hand gelegt zu bekommen. Wer sein Herrchen als Ranghöchsten akzeptiert, liefert das Ding in die Hand ab – wer sich noch nicht so ganz sicher ist, ob Mensch es ernst meint, lässt das Ding eben mal zwischen seinen Pfoten fallen und schaut, was passiert.

So leicht lassen wir uns austricksen! Dabei bekommen Sie mit folgenden Kniffen bald Bälle, Futterbeutel und Co. in die Hand geliefert.

So apportiert Ihr Hund bald IN DIE HAND

Natürlich sollten Sie sicher sein, dass Ihr Hund grundsätzlich weiß, worum es geht. Haben Sie Ihrem Hund das Apportieren noch nicht beigebracht, nutzen Sie die ersten Schritte aus dem letzten Kapitel. Wenn Ihr Hund besonders beim Abgeben zögert, machen Sie ihm nochmals klar, was Sie möchten:

- Heben Sie nichts mehr vom Boden auf, was Ihr Hund fallen lässt, um dann weiterzuspielen!

- Üben Sie nah am Körper – Nehmen Sie eine 5 m Leine zur Hilfe, mit der Sie den Hund freundlich zu sich holen, sobald er den Apport-Gegenstand im Maul hat (begleitet von Ihrem Apport-Signal wie „Apport", „Bring", „Hol").

- Jetzt das Wichtigste: Holen Sie ihn so nah zu sich heran, dass Sie ihm den Gegenstand aus dem Maul nehmen können (Achtung: Schnell genug sein, aber nicht hektisch.) Fangen Sie auf keinen Fall Zerrspiele an, sondern warten Sie, bis er loslässt (evtl. locker um den Hals fassen und warten). SOBALD er loslässt, loben Sie ihn begeistert und schmeißen Sie das Ding SOFORT wieder zum Hinterherhetzen weg – das ist die Belohnung. Wiederholen Sie dieses Aus-dem-Maul-nehmen mehrmals! Ihr Hund soll verstehen, worum es geht.

- Liegt das Ding auf dem Boden und kennt Ihr Hund bereits das Apport-Signal, zeigen Sie deutlich auf den Gegenstand und sagen das Signal. Bewegen Sie sich dabei evtl. ein Stück vom Hund weg – das unterstreicht: Du sollst das Ding zu mir bringen.

- Wenn Ihr Hund „auf dem richtigen Weg" ist (das Ding schon ins Maul nimmt), unterstützen Sie ihn ggf., indem Sie das Signal freundlich wiederholen und auf Ihr Bein klopfen.

Wenn Sie diesen Ablauf konsequent durchhalten und nicht zwischendurch doch mal wieder etwas aufheben, wird Ihr Hund bald wissen, dass NUR DAS ABLIEFERN IN DIE HAND ZUM ERFOLG FÜHRT.

Hebt Ihr Hund etwas partout nicht auf, *animieren Sie ihn z. B. durch ein kleines Hetzspiel:* Ziehen Sie den Gegenstand (an einer Kordel) um sich herum und lassen Sie den Hund hinterherlaufen (immer an der langen Leine). Sobald er das Ding packt, nehmen Sie es begleitet von Ihrem Apport-Signal aus dem Maul.

Wenn es überhaupt nicht funktioniert: Brechen Sie demonstrativ ab. Ignorieren Sie den Hund, lassen Sie den Gegenstand testweise einfach mal liegen und gehen weg (vielleicht überlegt Ihr Hund es sich ja noch mal). Ansonsten: Wegpacken, basta. Bis zum nächsten Versuch.

3.3 Wenn der Hund nicht folgt: Verstecken

Ein Herrchen ist mit seinem Hund unterwegs – der läuft frei und schnuppert hier und da. Ein übliches Szenario: Herrchen will jetzt, dass sein Hund nicht so weit wegläuft (in den Wald oder vor ein herankommendes Fahrrad), und ruft ihn zu sich. Hund schnuppert erst mal weiter, um dann noch einen Schlenker zu drehen und die Rufe ignorierend noch weiter von Herrchen wegzutraben. Herrchen bleibt stehen, ruft erneut, lauter, und macht sich schließlich auf: Verdammt noch mal, jetzt muss er seinen Hund wohl holen!

Hier kommt nun keine vollständige Anleitung, dem Hund „Komm" beizubringen, aber: Drehen Sie wieder mal den Spieß um. Ein kleiner Kniff, der unerhörte Rufe überflüssig macht und bei vielen Hunden sehr wirksam ist.

Hüpfen Sie hinter den nächsten Strauch

Wenn Ihr Hund Sie einmal völlig außer Acht lässt und sich zu weit entfernt, rufen Sie nicht – verstecken Sie sich unbemerkt bei der nächsten Möglichkeit: ein Baum, ein Strauch, eine Hausecke, ein kleiner Hügel. Warten Sie ab – vielleicht können Sie um die Ecke spinxen.

Besonders Welpen und junge Hunde bekommen einen Schreck, wenn Sie ihr Herrchen nicht mehr sehen, und werden suchend umherlaufen bzw. dorthin, wo sie Sie zuletzt gesehen haben. Sie brauchen diesen Trick dann nicht mehr oft – Ihr Hund wird in Zukunft besser auf Sie achten.

Wenn ein erwachsener Hund sehr unabhängig ist, könnte es mit dem Verstecken schwierig werden – er macht sein Ding, fertig. Es beunruhigt ihn nicht, wenn Herrchen weg ist, denn mit „seinem Menschen“ passiert ja auch sonst wenig Spannendes. Versuchen Sie es trotzdem. Widerstehen Sie dem Reflex, zuerst zu rufen, um dann immer lauter zu werden.

Faustregel: Mehr Bewegung und Körpersprache

Viele Hunde reagieren sehr viel besser auf Gesten und Bewegung als auf gerufene „Kommandos“. Versuchen Sie sich anzugewöhnen: Sie bleiben nicht stehen oder warten auf Ihren Hund, denn dann folgen Sie ihm und nicht er Ihnen. *Bewegen Sie sich von ihm weg.* Wo Sie sind, ist vorne! Er hat sich an Ihnen zu orientieren, wenn er sein Rudel behalten und auch noch Nahrung erjagen will.

Da sind wir schon bei der „Belohnung“. Wenn Ihr Hund auf Ihr Weitergehen oder Ihr Verstecken reagiert und kommt: Seien Sie erkennbar begeistert und machen Sie ein kurzes Spiel mit ihm – lassen Sie ihn den Beutel holen, notfalls auch einen Ball „hetzen“. Bei IHNEN spielt die Musik. Bei meiner Hündin Elly reicht es inzwischen schon, wenn ich ein paar Schritte zur Seite mache, z. B. vom Weg herunter. Sie „liest“ meine Bewegung auch von weitem und geht dann in die gleiche Richtung – ohne einen einzigen Ruf.

Ich behaupte: Es gibt so gut wie keinen Hund, der nicht irgendwann auf dieses Verhalten „anspringt". Beobachten Sie Ihre eigene Körpersprache und die Reaktion Ihres Hundes – da tun sich vielleicht ungeahnte Möglichkeiten auf.

3.4 Locker an der Leine gehen

Wir leinen unseren Hund an und gehen los. Hund läuft (natürlich) vor oder zickzack, wir ziehen ihn zurück, Hund röchelt, und weiter geht's, wir ziehen zurück, Hund hängt sich in die Leine, und weiter... Entnervt fassen wir die Leine (noch) kürzer, gehen weiter, und .... haben bald einen steifen Arm ... oder ein erdrosseltes Tier.

Ziehen – vom Menschen gelernt

Hunde lernen VON UNS, wie man an der Leine geht. Nämlich: dass Ziehen angesagt ist. Sie kennen oft nichts anderes, als Druck am Hals zu spüren, und werden dagegen mit der Zeit unsensibel. Schließlich gehen sie eher mit uns Gassi als wir mit ihnen, weil wir nur auf ihre Bewegungen reagieren. Das ist uns oft gar bewusst. Und: Weil ein Hund von Natur aus einfach schneller ist als der Mensch, ist es für ihn auch gar nicht so einfach, sein Tempo dem langsamen Menschen anzupassen.

Faustregel: Zupfen – und locker lassen!

Sie können sich und Ihrem Hund sämtliches Ziehen ersparen. Bedenken Sie: Druck erzeugt Gegendruck. Also: Lassen SIE locker. Ihr Hund kann innerhalb von 2 Wochen das Prinzip lernen, locker an der Leine zu gehen. Zunächst: Alle Chancen zum Ziehen sollten besonders in dieser Zeit ausfallen (Gassirunden, kurz mal an der Leine irgendwohin gehen)! Sobald die Leine dran ist, darf es kein Ziehen geben (das sollte dann immer gelten).

Legen Sie Übungseinheiten ein, anfangs zu Hause:

- Fassen Sie die Leine (2 m) am Ende (!), zur Unterstützung mit der 2. Hand ein Stück daneben.

- Sobald Ihr Hund zieht oder überholt, wechseln Sie abrupt die Richtung, ZUPFEN an der Leine und lassen SOFORT wieder locker. Schon ist er hinter Ihnen. Timing ist alles bei dieser Übung. Bleiben Sie in Bewegung!

- Wiederholen Sie das so oft, bis der Hund nicht mehr wegzieht. Erst, wenn die Leine locker hängt, geht's weiter. Ihr Hund bekommt keine Chance, Sie zu überholen. Man kommt zuerst nicht sehr weit bei dieser Übung – und es sieht aus, als hätte man einen Gehfehler – egal! Es geht um's Üben. Nutzen Sie auch Gesten und Körpersprache, um den Hund hinter sich zu lotsen (aufrecht stehen, Armbewegung).

- Wichtig: Sobald Ihr Hund ein kleines Stück aufmerksam – auf Sie schauend – hinter Ihnen hergeht, BELOHNEN Sie ihn sofort – idealerweise, indem Sie den Futterbeutel hinter ihn werfen und er ihn holen darf (dann hat die Übung einen Sinn für den Hund) – zumindest aber durch lobende Worte. Sprechen sie ansonsten gar nicht während dieser Übung. Mit der Zeit werden die „lockeren" Strecken immer länger und Spaziergänge immer entspannter.

3.5 Aggressive Hunde-Begegnung an der Leine?

Hunde-Begegnungen an der Leine sind für manche Hundehalter purer Stress – und für die Hunde auch! Hunde zerren, bellen, knurren – oder beißen sich sogar, wenn sie sich zu nahe kommen. Ich habe schon von einer Frau gehört, die sich regelmäßig selbst an

Bäumen festbindet, weil sie ihren Schäferhund nicht mehr halten kann, sobald Hunde in Sicht sind.

Menschen sehen oft nur, dass ein Hund sich „aggressiv“ verhält, aber nicht, WARUM das so ist. Nun, Aggression an sich ist niemals Selbstzweck oder „gestörtes Verhalten“, sondern immer ein Hilfsmittel – letztlich soll sie das Überleben sichern.

Umgekehrt heißt das: Wenn ein Hund seine Bedürfnisse befriedigt sieht, hat er keinen Grund, aggressiv zu sein.

Im Groben lässt sich sagen: Bei „normalen“ Familienhunden (die nicht gerade unter einem Trauma leiden) hat Aggression gegen Fremde fast immer etwas mit Verteidigung der eigenen, lebenswichtigen Ressourcen zu tun. Das sind vor allem: ein sicheres Territorium „zu Hause“; ein Jagdrevier in dem man Nahrung finden kann; verlässliche Sozialpartner (Rudel), mit denen die Zusammenarbeit funktioniert. Diese Dinge greifen ineinander und geben „Basissicherheit“.

Warum aggressiv an der Leine – und was tun?

- Eine typische Ursache für Getose an der Leine: Der Hund konnte nicht früh lernen, dass fremde Hunde im eigenen Revier – also auf seiner „Spazierroute“ – etwas „völlig Normales“ sind (z.B. durch gute Sozialisierung in Welpenspielgruppen).

- Erfahrungsgemäß die häufigste Ursache: Missverständnisse zwischen Mensch und Hund. Der Mensch hat aus Hundesicht die Führung nicht genügend im Griff, also muss der Hund ständig für die „Basissicherheit“ des Rudels sorgen – und z. B. fremde Hunde aus dem Territorium verscheuchen. Der Mensch denkt nur: „Komisch, du bist so aggressiv – es gibt doch keinen Grund dafür.“

- Die Leine verstärkt die Situation nur – der Hunde denkt etwa: „Durch die blöde Leine schaffe ich es nicht, mein Territorium (oder sogar meinen „hilfsbedürftigen Menschen") zu verteidigen." Weil der Hund in seiner Bewegungsfreiheit eingeschränkt ist, droht er an der Leine früher und „bläht" sich noch offensichtlicher auf.

- Außerdem: Sehr territorial veranlagte Hunde (z. B. Herdenschutzhunde-Rassen) oder dominante „Typen" haben mehr Probleme mit fremden Hunden (und Menschen) als andere. Sie brauchen einen sehr überzeugenden Menschen als Rudelführer. Das ist nicht gerade einfach, schließlich leben immer mehr Hunde auf recht engem Raum.

1. Gehen Sie ignorant weiter!

Der häufigste Fehler ist sicher, dass Menschen bei jeder Hunde-Begegnung anhalten und ihre angeleinten Hunde überhaupt zusammen lassen („schnuppern" oder „begrüßen"). Das muss kein Problem sein, birgt aber viel Potenzial für Spannungen, die völlig überflüssig sind.

Falls Ihr Hund andere Hunde „stressig" findet oder der fremde Hund Aggression andeutet, würde ich nicht stehen bleiben. Sonst zeigen Sie Ihrem Hund damit entweder, dass jeder andere „beachtenswert" ist und er den ersten Kontakt übernimmt – oder dass Sie Ihr Rudel in eine gefährliche Situation bringen bzw. nicht beschützen können – beides nicht sehr „führungstauglich".

Manche Menschen ziehen den eigenen Hund ängstlich zurück. Auch das fördert Spannungen. Ihre Stimmung überträgt sich, und der Hund „speichert" die Situation nach dem Motto: Oh je, das muss ja etwas Bedrohliches sein – ich muss mich verteidigen (oder zumindest bluffen)!

Am besten ist also: *Ruhig bleiben, vorausschauend denken und möglichst im Bogen weitergehen!* Wenn Menschen mit einem aggressiven Hund trotzdem auf Sie zukommen: Sagen Sie ihnen ruhig (früh genug), dass sie „die Hunde bitte nicht an der Leine zusammen lassen“ oder „bitte einfach weitergehen“ sollen. Denken Sie sich notfalls etwas aus: „Mein Hund hat eine ansteckende Krankheit.“ Bleiben Sie auch dabei in Bewegung!

Wenn Sie Hunde wirklich zusammen lassen wollen, dann sollten *beide Menschen die Leinen gleichzeitig losmachen.* So können die Hunde sich wirklich beschnuppern – und vielleicht entscheiden, dass sie lieber allein weiterlaufen.

2. Lenken Sie Ihren Hund ab!

Eine hilfreiche Übung: Wenn in Ihrer Sichtweite irgendwo ein Mensch mit angeleintem Hund geht, fangen Sie ein Spiel mit Ihrem Hund an. Sprechen Sie begeistert, bewegen Sie sich, lassen Sie ihn an der Leine apportieren, etwas hetzen oder suchen. Er wird damit nach und nach etwas Positives verknüpfen und begreifen: Andere sind einfach „egal“ – mit meinem Herrchen/Frauchen läuft hier etwas viel Spannenderes!

3. Gewöhnen Sie Ihren Hund an andere!

Meiden Sie keine Hundebegegnungen, sondern bringen Sie Ihren Hund so oft wie möglich in entspannten und kontrollierten (!) Kontakt mit anderen. Besonders gut dafür sind Hundeschulen, wo z. B. jeder mit seinem Hund an der Leine Apportierübungen macht, die Hunde sich aber nicht in die Quere kommen können. Das härtet ab.

Vielleicht für Ihren nächsten Urlaub: Waren Sie mit Ihrem Hund schon mal an einem „Hundestrand“, z. B. an der Nordsee? Das kann eine tolle Wirkung haben. Wie ein riesiger Sandkasten, der keinem so richtig gehört – hier verlaufen Territoriumsfragen sprichwörtlich im Sande. Die Hunde laufen vielleicht frei – aber sie haben genug Platz, um sich auszuweichen oder auch ein Spiel zu beginnen. Wenn

Sie eine Woche lang täglich an einem solchen Strand waren, wird Ihr Hund sicher ein wenig entspannter mit anderen umgehen lernen.

Die Botschaft ist immer dieselbe: Andere sind normal und uninteressant – mein Mensch hat alles im Griff und ist wichtiger!

Hinweis: Wenn ein Hund auf Dauer (z. B. in bestimmten Situationen) aggressiv reagiert, hat er ein ernstes Problem. Wahrscheinlich reden Mensch und Hund aneinander vorbei. Bitte suchen Sie sich in diesem Fall einen Hundeerziehungsberater und finden Sie mit diesem die Ursache für Frust und Stress heraus. Wer schon mal selbst etwas lesen möchte: Mehr über Aggression finden Sie in dem empfehlenswerten Buch „Hunde verstehen mit Jan Nijboer", Kosmos Verlag.

3.6 Ein Ernstfall: Menschen angreifen

Auch Hund-Menschen-Begegnungen können Stress verursachen. Was macht Ihr Hund, wenn Sie fremden Menschen begegnen? Viele Hunde „beschützen" ihren Menschen durch Umkreisen, aufgeregtes Vordrängeln oder Anspringen des Fremden. Das alles ist KEINE „freundliche Begrüßung". Warum sollte man sich bei jemandem überschwänglich freuen, den man überhaupt nicht kennt? Es handelt sich fast immer um mehr oder weniger aufdringliches bis dominantes Bewachen von Herrchen/Frauchen.

Beispiel einer Attacke

Folgendes ist einer Bekannten von mir an einer Straßenbahnhaltestelle passiert: Da sie noch ein wenig Zeit hatte, wollte sie eine Zigarette rauchen, hatte aber kein Feuerzeug. Ein Stück entfernt stand ein Mann mit einem Rottweiler an der Leine. Meine Bekannte hatte früher selbst einen Rottweiler und kein Vorurteil bzw. Angst vor diesen Hunden. Sie ging auf den Mann zu und fragte ihn nach Feuer. Er sagte „Ja, Moment“ und kramte in seiner Tasche. Als er ihr das Feuerzeug reichte und sie den Arm ausstreckte, um es entgegenzunehmen, schnellte der Hund leise vor und packte mit dem Maul den Unterarm meiner Bekannten. Er biss nicht zu, hielt aber kurz fest. Zum Glück blieb sie ruhig und bat den Mann, seinen Hund zurückzuholen. Erschrocken entschuldigte der Mann sich und bemerkte: „Das hat er noch nie gemacht!“ Nun, bis auf den Schreck ist nichts passiert.

Dieser Hund hat die Feuerzeugübergabe als Attacke aufgefasst und sein Rudelmitglied verteidigt (als Schutzhund liegt ihm das noch mehr in den Genen als anderen Rassen). Wahrscheinlich hat er zuvor das Geschehen genau überwacht und nicht gelernt, dass er der Führung seines Menschen voll vertrauen konnte und somit niemanden attackieren musste.

Was tun?

Beobachten Sie bewusst, wie Ihr Hund auf Fremde reagiert. Versucht er „nur“ Aufmerksamkeit zu erzeugen, indem er sich wedelnd vordrängelt? (Bedenke: Wer ranghoch ist, dem steht am meisten Aufmerksamkeit zu.) Zeigt er Zeichen von Aggression, greift aber nicht an? „Checkt“ er den Fremden durch Hinlaufen, Umkreisen oder Abschnuppern? Wie auch immer – mit etwas Übung vermitteln Sie Ihrem Hund, dass er nicht den Job des Aufpassers übernehmen muss.

Begrüßungen trainieren für mehr Gelassenheit

- Üben Sie gezielt Begrüßungen mit verschiedenen (eingeweihten) Leuten, die Ihren Hund nicht beachten, während Sie Ihnen die Hand schütteln. Halten Sie Ihren Hund an einer 5-m Leine (nur als Sicherheit, also lang lassen) und legen Sie ihn ca. 2 m hinter (!) sich ab. Gehen Sie auf die andere Person zu. Ihr Hund muss warten, bis Sie mit Handschlag und 1 bis 2 Smalltalk-Sätzen fertig sind. Lassen Sie den Hund dann nicht zu der anderen Person. Er soll lernen, dass diese weder interessant noch bedrohlich ist. Begrüßungen sind Ihre Sache – Punkt.

- Zur Sicherheit empfiehlt sich eine 2. Leine, die an einem Pfahl hinter (!) dem Hund fest gebunden ist oder die eine weitere Person locker in der Hand hält. Falls der Hund aufspringt, kann er nicht hinter Ihnen her kommen, sondern ist räumlich begrenzt. Alle Menschen sollten den Hund ignorieren – er bekommt nur Signale durch „seinen“ Menschen.

- Bauen Sie die Übung dem Stand Ihres Hundes entsprechend auf – und haben Sie Geduld! Springt Ihr Hund immer wieder auf, gehen Sie eine Stufe zurück: Lassen ihn erst einmal nur durch die Leine begrenzt – ohne spezielles Signal. Ignorieren Sie mögliches Protest-Gebell bzw. Gehampel und sprechen Sie ihn nur in einem ruhigen Moment an. Er muss möglicherweise erst verstehen, dass Begrüßungen jetzt anders laufen. Belohnen Sie ihn fürs Liegen bzw. Ruhigsein, indem Sie ihn hinter sich (!) z. B. aus dem Futterbeutel fressen oder etwas apportieren lassen.

3.7 Üben Sie „Abschalten“!

Wenn wir immer nur rausgehen, um mit unserem Hund „Action“ zu machen, wird sich das festsetzen. Manche Hunde sind dann mit der Zeit sprichwörtlich „nicht mehr zu halten“, schon wenn wir die Schuhe anziehen oder den Schlüssel in die Hand nehmen. Das kann ganz schön anstrengend werden. Wer auch noch Kinder dabei hat oder z. B. mehrere Taschen tragen muss, hat irgendwann einfach zu wenig Hände

– und viele Hunde finden auch nach langem, wilden Toben von alleine kein Ende, sondern heizen sich immer weiter hoch.

Damit wir den Hund aber IMMER im Griff haben können, sollte er möglichst entspannt sein – er sollte auf unsere Initiative „Gas geben“, aber auch zur Ruhe kommen können. Das wiederum ist am einfachsten, wenn wir zwischendurch mit ihm rausgehen und NICHTS TUN! Dafür brauchen Sie eigentlich nur Geduld – und vielleicht etwas zu lesen, damit IHNEN nicht langweilig wird.

Für den Anfang ist es hilfreich, wenn Ihr Hund sein Geschäft bereits gemacht und noch nichts gefressen hat. Wichtig: Nehmen Sie eine Tagesration Futter mit zum Abschalten (bzw. die Portion, die er sonst auf einmal bekommt)!

Der Ablauf:

1. *Fahren Sie mit Ihrem Hund an einen reizarmen Ort* (ruhige Wiese, Feld, Parkplatz etc.) – oder beginnen Sie sogar im eigenen Garten, in dem nichts los ist. Stellen Sie sich selber auf „Ruhe“ ein und sprechen Sie nicht mit Ihrem Hund. Setzen Sie sich irgendwohin (oder nehmen Sie einen Klappstuhl mit), lassen Sie Ihren Hund angeleint und IGNORIEREN Sie ihn vollständig. Das geht am besten, wenn Sie selbst lesen, damit Sie wirklich nicht auf Ihren Hund „lauern“. Geben Sie KEIN Signal. Und jetzt passiert – nichts! Egal, ob Ihr Hund steht, sitzt oder liegt.

   Das Ziel ist: Er soll einfach nichts tun. Das ist für viele Hunde schwierig. Sie schnuppern, fiepsen, ziehen, buddeln etc. Diese Dinge sollten Sie durch kurzes Zupfen an der Leine unterbinden – am besten auch dabei weiterlesen und NICHT korrigierend auf ihn einreden! Zupfen Sie Ihren Hund an der Leine schräg hinter sich. Das macht es leichter, weil er so nicht SIE von der Umwelt abblockt, indem er vor Ihnen steht oder gar auf Ihren Füßen sitzt.

Wenn es erst überhaupt nicht klappt: Sitzen Sie es aus! Geben Sie sich eine halbe Stunde. Vielleicht müssen Sie beide ein wenig „schmoren“, aber oft gelingt das Ruhigsein am Ende doch, wenn er mit allen anderen Versuchen nicht weiterkommt.

Abschalten kann anfangs ganz schön anstrengend sein. Wenn ein ganz besonders hartnäckiger Kandidat z. B. vor Ihren Füßen Stöcke kauen oder Löcher buddeln will, können Sie solche Provokationen mit einem gezielten und kräftigen Nackenstoß quittieren. Danach sofort wieder: Nichts tun.

2. Sobald Ihr Hund sich VON SELBER ein bisschen entspannt: *Belohnen Sie genau das mit einer ganzen Ration Futter.* Schätzen Sie selber ein, wie viel Sie dem Hund zumuten können. Für sehr hektische Hunde kann schon das Sitzen (und dabei noch in der Gegend herumgucken) ein guter Schritt sein, den Sie belohnen sollten. Andere Hunde schaffen es sogar, ein Nickerchen zu machen. Bestätigen Sie dies, in dem Sie dem Hund quasi beim Einschlafen seine Tagesration Futter geben.

3. *Gehen Sie ohne viel Aufhebens zum Auto* und fahren Sie nach Hause. Deshalb möglichst nahe parken: Wenn Sie noch ein ganzes Stück gehen müssen, ist die Ruhe schnell dahin und der Lerneffekt auch. Ihr Hund soll mit einem vollen Bauch und entspannt nach Hause gehen. Spielen Sie dort ein wenig mit ihm.

4. *Steigern Sie die Abschaltübungen mit der Zeit*, indem die Umgebung immer unruhiger wird: vor einem Einkaufszentrum abschalten üben, in der Fußgängerzone, am Bahnhof, an einem Schulhof – und natürlich im Restaurant.

5. *Hilfe für Störungen von außen:* Bitten Sie jeden, der Ihren Hund massiv anschaut oder anfassen will, weiterzugehen. Beispiel:

„Wir machen gerade eine Übung, würde es Ihnen etwas ausmachen, (mit Ihrem Hund) einfach weiterzugehen?“ Trauen Sie sich auch, andere Hunde mit deutlicher Geste wegzuschicken. Das ist wichtig, damit Ihr Hund lernt, dass er sich nicht ständig um alles und jeden kümmern muss!

Manchen Hunden fällt das Abschalten sogar leichter, wenn extrem viele Reize auf sie einprasseln (Reizüberflutung) wie in einer Fußgängerzone. Stilles Liegen am Feldrand finden sie dagegen besonders schwer. Üben Sie das, was Ihrem Hund schwerer fällt. Sie werden ein Gefühl dafür bekommen, was für ihn das Richtige ist.

Wenn es auch nach mehreren Versuchen nicht klappen will, versuchen Sie es zunächst an einem Ort mit mehr oder weniger Reizen. Wichtig ist nur, dass am Anfang ein „Erfolg“ möglich ist und die Botschaft ankommt: Rumliegen und auf Herrchen/Frauchen warten macht entspannt und satt!

Ich kann nur sagen: Der Effekt ist enorm, wenn Sie zuerst regelmäßig (2- bis 3-mal pro Woche), später noch ab und zu üben. Sie werden Ihren Hund besser dirigieren können, er lernt, abzuwarten – das ganze „Klima“ kann zufriedener werden. Und wenn Sie mal zu gar nichts richtig Lust haben oder alles drunter und drüber geht: Gehen Sie mit Ihrem Hund abschalten.

Wenn wir uns so gezielt aufs Entspannen konzentrieren, merken manche vielleicht, wie selten sie selber wirklich entspannt sind. Wie soll es dann der Hund sein, der bei uns lebt? Dabei ist Ruhe in der Hundeerziehung sowieso immer der beste Berater. So ein Abschalttraining ist also auch für uns Menschen ganz gut. Und man hat auch noch einen „richtigen“ Grund dafür.

4. Verständigung

4.1 Das Märchen vom strengen Ton

Waren Sie schon mal auf einem „klassischen“ Hundeplatz? Oft wird dort im Kreis gelaufen, scharf mit Kommandos „geschossen“ und Gehorsam gefordert. Ein überzeugtes Auftreten ist im Umgang mit Hunden natürlich wichtig – aber der Sinn des Ganzen scheint manchmal verloren zu gehen: Hauptsache, wir klingen autoritär! Aber auch fernab von solchen Hundeplätzen ist manchmal noch die (überholte) Vorstellung in den Hundehalter-Köpfen verankert, man müsse mit Hunden immer streng brüllen. Es wurde uns so vorgemacht, und wir glauben: So macht man das eben.

Erst laut, dann leise

Einen schönen Vergleich brachte Jan Nijboer in einem Vortrag über Kommunikation mit dem Hund: Mit der Verständigung zwischen Mensch und Hund ist es etwa so wie bei Ehepaaren. Wer sich kennen lernt, muss in den ersten Jahren viel mehr Aufwand betreiben, um sich zu verständigen – deutlich sagen, was er will, welche Einstellung er hat, was er mag oder nicht. Nach 30 Jahren Ehe sieht die Sache anders aus – die Kommunikation ist viel feiner. Manchmal reicht schon ein „Hm“, und der Partner weiß, was der andere damit meint.

Der FEHLER: Wir fangen behutsam und „kleinlaut“ an, wenn wir unserem Hund etwas beibringen (oder verbieten) wollen. Wir sind undeutlich, leise und zuerst überfreundlich. Wenn das nicht klappt, werden wir energischer im Ton und verlangen „Jetzt sollst du aber gefälligst machen, was ich von dir will!“ Der Hund wird nervös, hechelt oder weiß noch gar nicht, was er tun soll – er hört nur einen bedrohlichen Ton. Das ERGEBNIS: Wir werden total unglaubwürdig. Im besten Fall kennt der Hund das Spiel und wartet eben bis zur 3. Aufforderung, bis er vielleicht reagiert. Im schlechtesten Fall schaltet er nur noch auf Durchzug und stumpft ab. Überzeugende Führung sieht anders aus, oder?

Denken Sie öfter mal an das alte Ehepaar: Wenn Sie Ihrem Hund etwas beibringen (oder verbieten) wollen, seien Sie AM ANFANG bestimmter und lauter, gebrauchen Sie deutlichere Gesten. Sagen und zeigen Sie nur EINMAL deutlich, was Sie wollen, sonst verwässert das Signal und der Hund meint, Sie würden eben immer alles wiederholen. Wenn der Hund weiß, was er tun soll, und es trotzdem falsch macht, korrigieren Sie (möglichst beim ersten Mal deutlich) sofort mit NEIN, wiederholen Sie einmal deutlich Ihr Signal – und warten Sie einfach ab. Später reichen dann leisere Worte.

Viele Besitzer von älteren Hunden haben selbst erfahren: Nach ein paar Jahren Zusammenleben kennt man sich, und es braucht vielleicht nur noch eine streng gerunzelte Stirn und einen ausgestreckten Arm, um den Hund vom Esstisch wegzuschicken. Sie können immer feiner kommunizieren. Und wie schön ist es, wenn Ihr Hund sogar auf Flüstern folgt? Das imponiert im übrigen den Mitmenschen viel mehr als strenges Gebrüll. Und Hunde werden sowieso viel neugieriger, wenn Sie es „spannend“ machen – so wie Kinder, die sich im Dunkeln Geschichten zuflüstern ...

4.2 Ignoranz = Dominanz

Viele kleine und große Schwierigkeiten im Mensch-Hunde-Rudel beginnen damit, dass unser Hund sich zu wichtig fühlt. Zu wichtig fühlt er sich u. a., weil wir ihm einfach zu viel Aufmerksamkeit schenken – wir reagieren auf jeden „Pieps“, lassen uns anrempeln, anspringen oder anbellen. Jedes Stupsen wird mit kurzem Streicheln quittiert, wir weichen brav aus, wenn er im Weg steht, und wir sprechen viel zu viel mit ihm. Wenn wir dann wirklich etwas von ihm verlangen (kommen, sitzen, ablegen), werden wir nicht beachtet und geraten schnell in die „Deppenrolle“. Beobachten Sie einmal, wie oft ein Hund die 1. Aufforderung von Herrchen/Frauchen völlig ignoriert ... Ein sicheres Indiz dafür, dass da noch „diskutiert" wird.

Faustregel: Lassen Sie ihren Hund links liegen

Der wichtigste und einfachste Schritt, um sich die Führung zurückzuerobern: Ignorieren Sie Ihren Hund bewusst und regelmäßig. Am besten dann, wenn er nichts anstellen kann – zu Hause oder auf einer großen Wiese. Mehr brauchen Sie nicht zu tun. Nervendes Herumkommandieren wird überflüssig, und Ihr Wort bekommt im Hundeohr allmählich mehr Gewicht. Natürlich ist es ratsam, dass Familienmitglieder an einem Strang ziehen und ebenfalls „ordentlich ignorieren". Folgt Ihr Hund auf ein Signal nicht: „Strafen" Sie sofort mit Ignoranz – brechen Sie jede Aktion ab, drehen Sie sich weg und machen Sie etwas anderes. Mancher Hund könnte überrascht sein und neue „Tricks" ausprobieren, um auf sich aufmerksam zu machen: Bleiben Sie ignorant. Ist Ihr Hund ein wenig stur: Seien Sie noch sturer und lassen Sie sich nicht hinreißen zu Gedanken wie „Ach, der Arme ...". Die einfache Botschaft heißt: Wenn du folgst, bekommst du Aufmerksamkeit (und Lob!), sonst eben nicht. So einfach ist das ...

4.3 Unterschätzt: Das richtige Timing

Wir lernen über Hundeerziehung immer: Loben ist wichtig! Und bei bestimmten Verhaltensweisen sollen wir den Hund mit einem „Nein!" korrigieren. So weit, so gut.

Ein kleines, entscheidendes Detail wird leicht vergessen oder im Alltag vernachlässigt: WANN GENAU wirken wir auf den Hund ein?

Oft beobachtet: Bello hat etwas „angestellt" (Möbel angeknabbert, weggelaufen usw.), wir ärgern uns und beginnen, ganz

Mensch, zu schimpfen. Bello kommt auf uns zu oder steht schon längst wieder neben uns – wir lassen aber weiter erregt Dinge los wie: „Verdammt noch mal, ich habe dir doch schon 1.000-mal gesagt, du sollst herkommen, wenn ich dich rufe! Was ist denn mit dir los?“ Im umgekehrten Fall ist Bello vielleicht nach 2 Minuten Rufen irgendwann „brav“ gekommen, während wir z.B. noch mit dem Nachbar klönten. Bello stand kurz gelangweilt neben uns, schnüffelt dann noch mal eine Runde um uns herum – und wir sagten irgendwann stolz: „Das hast du aber fein gemacht – sooo ein lieber Kerl!“ Ich habe mich auch schon bei solchen Monologen ertappt.

Aber was hat Bello jetzt mitbekommen? Wahrscheinlich etwa das: 1. Sein Kommen wird mit bösem Tonfall quittiert. Oder 2. Er wird dafür bestätigt, wenn er um uns herumschnüffelt. Kommen und gehen kann er, wann es ihm passt. Sie können unzählige solcher Beispiele finden, wenn Sie aufmerksam sich und andere beobachten. Wir reden viel zu oft aneinander vorbei.

Werden Sie schneller und vor allem eindeutig!

Der Theorie nach gibt es einen Zeitraum von 2 Sekunden, in dem ein Hund unsere Äußerungen genau mit seinem Verhalten verknüpft. Ob es exakt 2 Sekunden sind, sei dahingestellt.

Fest steht aber: Wenn Sie Ihrem Hund etwas beibringen wollen oder besser: sich wirklich VERSTÄNDIGEN wollen, dann reagieren Sie SOFORT und EINDEUTIG auf sein Verhalten! Wenn eine Situation schon vorbei ist (z. B. schon 10 Sekunden): SAGEN SIE NICHTS MEHR! Das zu schaffen, ist erfahrungsgemäß reine Gewohnheitssache. Wir brauchen nur einen genauen Blick für unseren Hund, und das Bewusstsein, dass unsere Äußerungen sich genau auf das beziehen, was der Hund JETZT GERADE IN DIESEM MOMENT tut. Hunde reagieren untereinander immer prompt. Das ist ein gutes Vorbild. So gesehen müssten wir eher uns erziehen als den Hund.

Sorgen Sie für „Augen“

Noch etwas wird oft vergessen, wenn der Hund nicht hört: Der Hund schaut seinen Menschen gar nicht an und bekommt von dessen Kommunikationsversuchen wenig mit. Er ist mit seiner Aufmerksamkeit ganz woanders – bei der spannenden Eichhörnchen-Spur, der frischen Marke eines fremden Rüden, dem zu verscheuchenden Nachbarhund usw.

Deshalb heißt eine der wichtigsten Regeln im Umgang mit Hunden: Lenken Sie zuerst immer die Aufmerksamkeit auf sich und belohnen Sie einen Blick sofort. Üben Sie mit Ihrem Hund ein Signal nur dann, wenn Sie seine volle Aufmerksamkeit inkl. „Augen“ haben. Natürlich kann ein gut trainierter Hund auch Worten folgen, die er nur hört. Zum Einüben erfolgreicher Verständigung aber ist ein aufmerksamer Blick unersetzlich.

1. *Machen Sie es spannend!* Flüstern Sie seinen Namen, sprechen Sie mit höherer, freundlicher Stimme, so als wollten Sie Ihrem Hund „ein Geheimnis zuflüstern“.

2. *In dem Moment, wo er Sie anschaut:* Sagen und zeigen Sie sofort (!), was Sie von ihm möchten. Deutlich, mit leiser Stimme und unterstützenden Gesten. Lassen Sie Aufmerksamkeit nicht ungenutzt verstreichen! Wenn er jedesmal, nachdem Sie seinen Namen spannend gesagt haben, eine kurze tolle Aufgabe machen darf, wird Ihr Hund sich merken: Auf meinen Namen zu hören, lohnt sich! Was kommt denn wohl jetzt??? Bei uns klingt das so: Ellyyy...., pass' auf, ... (wenn sie guckt, sofort:) Kommmmm! oder: ssuuch! oder: Bring!

3. *Seien Sie kleinlich:* Spielen oder üben Sie nicht mir Ihrem Hund, wenn er „mal kurz“ oder nur flüchtig an Ihnen vorbeiguckt! Richtiges Timing ist alles und führt schneller zum Erfolg als wochenlanger „Drill“. Hinschauen lohnt sich – dieses einfache Prinzip

muss Ihrem Hund deutlich werden, damit er sich auf Dauer für Sie interessiert. Sagen Sie seinen Namen nicht so oft „einfach so“, dass es sich abnutzt. Rufen Sie lieber sparsam, dafür dann aber „mit Sinn“. Später wird Ihr Hund auch dann auf Sie achten, wenn mal nichts Spannendes ansteht, sondern er einfach nur folgen soll.

4.4 Richtig korrigieren

Manchmal können die „Fellmonster“ einem ja ganz schön auf den Wecker gehen – gerade Welpen und Junghunde sind nicht immer leicht zu bändigen. Wir versuchen ihnen irgendwie klar zu machen, was sie dürfen und was nicht: „Lass das!“, „Nein!“, „Schluss!, „Hör auf!“, maßregeln wir (und werden immer lauter). Dabei gibt es Verhaltensweisen, die jeder, wirklich jeder Hund versteht. Hier eine „Maßnahme“, mit der Sie ein absolutes „Tabu“ setzen.

1. Tabu setzen: Der Nackenstoß

Wenn Sie ein Hunderudel untereinander beobachten, können Sie sich abschauen, wie's geht. Bei einem groben Verstoß gegen die „Verhaltensregeln“ wird dem „Täter“ mit den Zähnen ein kurzer Nackenstoß verpasst – ähnlich einem Kneifen. Aber nur dann! Wenn ein Welpe z. B. gerade das Tischbein ankauen oder mit den Pfoten auf den Couchtisch will, stoßen Sie ihn beim 1. Mal energisch und schnell mit Ihren Fingerspitzen in den Nacken – ruhig kräftig. Sagen Sie dazu ein nur für Tabus bestimmtes Korrekturwort – gut funktioniert ein tiefes „NO!“, weil das einem bösen Bellen ähnlich ist. Wenn er aufgehört hat, sofort LOBEN und auch dazu die Stimme wieder auf „freundlich“ stellen.

Wenn so ein „NO!“ beim 1. Mal richtig sitzt, haben Sie danach für gewöhnlich Ruhe. Vielleicht müssen Sie es noch ein, zwei mal wiederholen, aber in der Regel hat er die Botschaft verstanden. Später reicht ein zugerufenes „NO!“, um den Hund von etwas abzuhalten. Oder nur ein böser Blick – in einem eingespielten Team werden grobe Korrekturen nur noch selten nötig.

Viele Leute sind einem „so groben" Verhalten gegenüber skeptisch – man muss doch immer lieb zu einem Tier sein. Ich sage: Ja, auf jeden Fall! Niemand sollte seinen Hund immer mürrisch behandeln. Es geht hier nur darum, ihm in seiner Sprache klar zu machen, was er nicht darf – dann haben Sie viel mehr Zeit, wirklich entspannt und lieb zu ihm zu sein.

2. Kleinere „Korrekturen"

Kleinere Vergehen werden einfach ignoriert, z.B. aufdringliches Gedrängel oder „Gewusel". Oft können Sie auch sehen, dass ranghörere Hunde mit einem „Überschnauzgriff" unerwünschtes Verhalten korrigieren: Fassen Sie mit einer Hand von oben über den Fang und drücken Sie kurz (!) die Lefzen gegen die Zähne. Benutzen Sie für solche Korrekturen ein anderes Wort, z. B. „Nein!" Hier ist also kein Tabu nötig, es heißt eher: „Jetzt hör' endlich auf".

Grundsätzlich besser korrigieren

Täglich rufen wir unserem Hund solche „Neins" zu (oder „Aus!", „Pfui!" usw.), wenn er etwas Unerwünschtes tut. Leicht fühlen wir uns „gezwungen", ständig an unserem Hund herumzunörgeln und die „Neins" immer öfter zu rufen, wenn sie nicht befolgt werden.

Dann liegt der Verdacht nahe, dass er entweder ein „Spielchen" mit uns spielt, oder unsere Korrektur nicht nachvollziehen kann. Hier die wichtigsten Hinweise für sinnvolle Korrekturen, die Gewicht haben:

1. Ist „Nein!" überhaupt nötig?

Zwei Beispiele aus dem Alltag: Meine Hündin Elly hat 1. irgendwann das Aaswälzen für sich entdeckt und frisst 2. gerne allen möglichen „Kram", den sie findet (z. B. Brotreste in der Nähe von Mülleimern, heruntergefallene Beeren usw.). Wälzen ist aus Hundesicht reine Selbstdarstellung (Schau her, ich bin wichtig!) und eine Art „Parfümierung“ – für uns alles andere als duftend! Das Fressen von herumliegenden „Leckereien“ ist nicht nur unappetitlich, sondern vor allem gefährlich – immer wieder hören wir von Giftködern.

Gerade in solchen Situationen könnte man leicht „Nein!“ rufen. Der Hund wird das auf Dauer aber kaum „für voll“ nehmen, sondern eher „denken“:

- Wenn ich mich wälze, bekomme ich Aufmerksamkeit – also genau das, was ich wollte! („Nein!“ ist schließlich auch Aufmerksamkeit, möglicherweise rennen wir auch noch zu unserem Hund hin!)
- Warum bekomme ich Ärger, wenn ich das finde, wofür man rausgeht? (Beute, Nahrung)

Also: Zwei Situationen, die völlig unterschiedlichen Sinn für den Hund haben – und wir reagieren immer mit einfallslosem „Nein!“? Der wichtigste Effekt: Unsere Korrektur nutzt sich ab, wenn wir sie oft in unsinnigen Situationen benutzen.

In meinem Fall lässt sich sagen: Haben wir zusammen richtig gejagt (Dummy apportiert, Hetzjagd gespielt usw.), kommt Elly überhaupt nicht auf solch „blöde“ Ideen. Und wenn doch, heißt die (wortlose) Korrektur: Ignorieren und weitergehen! Dann muss der Hund eben gesäubert werden – und natürlich beobachtet, ob er etwas Unverträgliches gefressen hat. (Ein schnell erreichbares Brechmittel sollte in jeder Hundeapotheke vorhanden sein.) Grundsätzlich gilt: **Versuchen Sie, weniger zu korrigieren.**

2. „Nein!“ plus Alternative

Wollen Sie Ihren Hund wirklich von etwas abhalten, sagen Sie Ihr Korrekturwort und was er stattdessen tun soll. Wenn Ihr Hund

z. B. zu Hause an einer Tür kratzt, sie bedrängt oder auf Ihren Füßen liegen will, sagen Sie „Nein! ... Decke". Seine Decke sollte natürlich positiv besetzt sein, z.B. dadurch, dass er nur darauf immer Knochen knabbern darf. Wenn er beim Üben öfter ein Signal falsch befolgt, um Sie „auszutesten" (sich z. B. setzt statt hinlegt), verfahren Sie nach dem gleichen Prinzip. Sobald er es richtig macht, natürlich: loben. Damit verhindern Sie, dass Ihr Hund durch „leere" Korrektur allein nur verunsichert wird.

Wenn er einmal gelernt hat, dass Ihr „Nein!" einen Sinn hat, wird er auch darauf hören, wenn es ab und zu (!) mal weniger nachvollziehbar ist.

4.5 „Mein Hund hört nicht auf Pfeife"

Jetzt wird's gefährlich. Sie gehen mit Ihrem Hund in der Nähe einer befahrenen Straße oder auch mitten im Wald – und plötzlich gibt „Bello" Gas: Er hat eine Katze gesehen oder zwischen Bäumen eine frische Rehspur entdeckt. Er ist schon sehr weit weg – hinterher rufen ist zwecklos. Panik steigt in Ihnen hoch ... Wenn jetzt ein Auto kommt oder ein Jäger meinen wildernden Hund erwischt!

Nach einem solchen Erlebnis greifen Hundebesitzer oft „zum letzten Mittel": Sie kaufen sich eine Hundepfeife, vielleicht sogar die „Hightech-Ausführung" in Form einer Hochfrequenzpfeife, die wir Menschen nicht hören können. Nun fühlt man sich richtig ausgestattet. Jeder hat schließlich schon mal gehört, dass Pfeifen irgendwie richtig ist, wenn man mit Hunden zu tun hat – wahrscheinlich mit Erklärungen wie: Ein Hund reagiert auf solche Töne besser als auf Rufen. Jetzt wird eben immer gepfiffen, wenn Bello kommen soll. Bello hört aber nicht aufs Pfeifen – vielleicht schaut er die ersten Male noch ganz interessiert her, weil das Geräusch neu ist. Der „Effekt" verpufft aber dann.

Der einfach Grund: Der Hund hat das Signal, den Ton, den Pfiff nicht mit „Kommen" verknüpft. Er weiß überhaupt nicht, dass er reagieren soll – geschweige denn, dass er bei einem Pfiff sogar von einer so tollen Spur ablassen soll ...

Die Pfeife „funktioniert“ nicht von allein

Es klingt furchtbar banal, aber: Auf jedes Signal, das unser Hund befolgen soll, müssen wir ihn erst einmal prägen. Wenn wir ihm z.B. „Komm“ beibringen, heißt das: Wir rufen besonders ganz am Anfang immer nur „Komm“, wenn der Hund gerade sowieso auf uns zu läuft. Er wird das Wort, den Ton, die Geste mit seiner Handlung verknüpfen und allmählich wissen, was er tun soll. Vielleicht nach 2 bis 3 Wochen „sitzt“ das Signal.

In der Zwischenzeit sollten wir dafür sorgen, dass wir ihn nicht rufen müssen – z.B. nur an Orte gehen, wo nichts passieren kann – oder den Hund an die Leine nehmen. Konsequenz ist am Anfang alles. Das erfordert natürlich Aufmerksamkeit und richtiges Timing. Wir sollten in der Übungsphase niemals schon das Signal abverlangen, sonst lernt der Hund wahrscheinlich nichts.

Auf Pfeife trainieren: So geht's

Die Pfeife ist nur dann besonders sinnvoll, wenn Ihr Hund absolut verlässlich sofort kommen muss (z.B. wegen oben beschriebener Gefahr) oder wenn Sie ihn über sehr große Distanz, bei Wind oder Krach zu sich holen wollen. Das bedeutet: Für ein normales „Komm“ nutzen Sie die Pfeife nicht. Eine „Pfeifsituation“ kommt so vielleicht ca. 1-mal pro Woche vor. Für Ihren Hund sollte die Pfeife bedeuten: Herrchen/Frauchen hat eine so wahnsinnig tolle „Beute“, dass ich dafür sofort alles stehen und liegen lasse!!! Das vermitteln Sie ihm z.B. so:

1. Statten Sie sich möglichst unbemerkt mit einem richtigen „Jackpot“ aus: Eine ganze (!) Ration besonders leckeres Futter – Ge-

kochtes Fleisch, Käse, (ausnahmsweise) Fleischwurst ... – hundegerecht sollte es aber schon sein. Am besten Sie füllen diese Ration in den Futterbeutel, den Sie überall mit hinnehmen können. Gehen Sie für den Anfang z. B. in den Garten.

2. Wenn Ihr Hund direkt bei Ihnen ist, Sie gerade anschaut, und einen Schritt auf Sie zu macht (das sollten Sie abpassen): Lassen Sie ihn die komplette Ration fressen und pfeifen Sie gleichzeitig einige Male so, wie Sie es künftig tun wollen. Ihr Hund braucht weiter nichts zu tun. Er soll mit einem Mal satt werden und nur diesen „Jackpot“ direkt bei Ihnen mit dem Pfiff verknüpfen. Wiederholen Sie das im Abstand von 2 Tagen noch einmal.

3. Nach weiteren 2 Tagen passen Sie einen Moment ab und pfeifen, wenn Ihr Hund etwas weiter (ein paar Meter) von Ihnen weg ist und gerade auf Sie zu läuft. Bei Ihnen gibt's dann wieder den „Jackpot“ aus dem Futterbeutel.

4. Vergrößern Sie die Distanz immer weiter und wiederholen Sie diese Übung in Zukunft auch unterwegs regelmäßig ca. 1 bis 2 mal pro Woche – später auch seltener. Wichtig: Während der ersten 2 bis 3 Wochen immer nur pfeifen, wenn Ihr Hund gerade auf Sie zu läuft – dann verankert sich das Signal verlässlich. Dann pfeifen Sie auch einmal, wenn er gerade weiter weg irgendwo steht und nicht zu Ihnen schaut.

5. Gehen Sie nicht zu schnell zum nächsten Schritt über – die Geduld zahlt sich später aus. Das Ziel: Sie können nach ein paar Wochen pfeifen, wenn Ihr Hund mit all seinen Sinnen ganz woanders ist, vielleicht sogar eine heiße Spur verfolgt und von Ihnen wegrennt! Er wird kommen!

6. Sie brauchen dann nicht immer den „Jackpot“ mit sich herumzuschleppen. Er wird vielleicht „dumm gucken“, wenn Sie nichts

dabei haben. Das ist aber nicht schlimm – Sie erhalten die „Wirkung“, solange Sie zwischendurch regelmäßig den Ernstfall trainieren und gezielt den „Jackpot“ verfüttern.

Bitte widerstehen Sie der Versuchung, öfter als nötig zu pfeifen (weil es so wunderbar klappt) – dann verwässert die Botschaft an den Hund, und die Ausnahme ist keine Ausnahme mehr. Das Pfeifen kann niemals die gemeinsame Beschäftigung (Jagd) ersetzen. Ein gut trainierter Hund kommt auch auf Rufen – aber so ein „Ass im Ärmel“ kann lebenswichtig sein.

4.6 Prädikat „kinderlieb“

„Mag Ihr Hund Kinder?“, werde ich gelegentlich gefragt. „Das kommt auf die Kinder an“, antworte ich dann. Auch wer keine Kinder hat, kommt im Laufe seines Hundehalterlebens irgendwann in eine Situation, in der Kinder den Hund streicheln wollen. Oder mit ihm spielen, oder ihn „erziehen“. Vielleicht begegnen Sie einer Schulklasse, haben Kinder zu Besuch oder treffen sie in einem Park oder vor dem Spielplatz.

Man braucht kein Hellseher zu sein, sondern nur seinen eigenen gesunden Menschenverstand, um zu erkennen: Hunde reagieren auf Kinder ganz unterschiedlich – je nach bisheriger Erfahrung, Größe, Alter, Temperament usw.

In katalogartigen Rassenbeschreibungen werden manche Rassen mit dem Prädikat „kinderlieb“ beworben. Bücher wie „Der kindersichere Hund“ wollen uns weismachen, dass es so etwas gebe. Solche Versprechen verkaufen sich zwar gut und helfen vielleicht, Abnehmer für Welpen zu finden, aber: **Hunde, die pauschal kinderlieb sind, gibt es nicht.**

Unser Aufruf: Es liegt an den Erwachsenen, ob Hunde lieb zu Kindern sein können, und ob Kinder einen respektvollen Umgang mit Hunden lernen. Wenn Erwachsene den Kindern zeigen, „wie es geht“, steht einem freudvollen und bereichernden Umgang miteinander nichts mehr im Wege. Machen Sie mit!

Hunde sind kinderlieb, wenn Kinder lieb zu Hunden sind

Das Wichtigste überhaupt: *Kinder sind aus Hundesicht immer rangniedriger,* wenn sie zum „Rudel" gehören sowieso. „Besuchskinder" oder fremde Kinder draußen, z. B. auf einem Spielplatz, dürften sich eigentlich noch weniger „rausnehmen". Vielleicht haben Sie ja z. B. bei einem Familienfest die Gelegenheit, einen Hund im Umgang mit Kindern mal genauer zu beobachten. Oft erlebt ein Hund die Sache so:

Kinder dürfen anscheinend viel frecher und provokanter sein als Erwachsene. Sie bewegen sich viel hemmungsloser, fahren mit dem Bagger gegen mich, engen mich ein und starren mich an. Sie fordern laut Aufmerksamkeit, sind für die Erwachsenen wohl sehr wichtig, und rennen als Erste zur Tür, wenn Papa nach Hause kommt. Sie tragen dauernd „Ersatzbeute" (Spielzeug) durch die Gegend, und halten meist auch keinen „Respektabstand", sondern legen sich sogar auf meine Liegestelle. Trotzdem werden sie von den Erwachsenen (Ranghöheren?) nicht korrigiert.

Solche Szenen sind für jeden Hund absolut unnatürlich! Mancher Hund verzieht sich in eine ruhige Ecke, wenn es ihm zu viel wird. Andere, so genannte „kinderliebe" Hunde halten sich sehr oft in der Nähe der Kinder auf und „wachen" über das Geschehen. Sie versuchen, erzieherisch auf das Spiel Einfluss zu nehmen – bis vielleicht irgendwann eine deutliche Korrektur mit den Zähnen „passiert" und alle denken: Das hat er ja noch nie gemacht! Dafür wird der Hund dann von seinen Menschen bestraft – oder zum „Problemhund" erklärt. Dabei hat er nur getan, was der vermeintliche „Rudelboss" Mensch nicht erledigt hat.

Bedenken Sie außerdem: Kleinere Hunde sind wegen körperlicher Unterlegenheit oft toleranter als große. Bei einer Dogge sind wir automatisch vorsichtiger als bei einem Chihuahua. Das bedeutet aber nicht, dass ein Chihuahua ständiges Begrabschen und „Verknuddeln“ gerne hat! Sein Zittern, Blinzeln, Züngeln oder gar Knurren wird oft einfach übergangen – er wird behandelt, wie ein „Streichelzoo-Objekt“.

Ob Sie mit eigenen oder mit „fremden“ Kindern zu tun haben: Machen Sie den Kindern vor, dass man einem Lebewesen mit Respekt begegnet. Tragen Sie Sorge dafür, dass Ihr Hund nicht zum „Objekt“ falsch verstandener Tierliebe wird. Schützen Sie ihn vor Zerren, grobem Knuddeln, frontalem Fixieren, lauten Kommandos usw. Erklären Sie den Kindern, warum das nicht erlaubt ist – Kinder verstehen das oft viel besser, als wir glauben!

Das kleine 1x1: Kinder und Hunde

Mit diesen Regeln beugen Sie bösen Unfällen vor und verhalten sich wie ein echter „Rudelchef“:

- Lassen Sie Kinder bis zu einem Alter von etwa 10 bis 12 Jahren niemals einen Hund „erziehen“.
- Lassen Sie kleine Kinder nie ohne Aufsicht mit einem Hund allein.
- Und wenn es auch noch so verlockend ist: Ein Kind sollte niemals alleine einen Hund „ausführen“.
- Greifen Sie ein, wenn Kinder Ihren Hund „piesacken“ – und sei es nur aus Übermut.
- Versuchen Sie, Ihren Hund vom ständigen Verfolgen und Bewachen der Kinder abzuhalten. (Das geht natürlich nur, wenn er auch in Ruhe gelassen wird.) Vermitteln Sie ihm, dass es Ihr Job ist, auf die Kinder aufzupassen.

4.7 Die Wahrheit über das Wedeln

Angesichts der vielen herumschwirrenden Informationen über Hunde ist es erstaunlich, dass sehr viele Menschen (noch) an das Märchen vom freundlich schwanzwedelnden Hund glauben. Regel mäßig höre ich diese alten Weisheiten, wenn Menschen auf Hunde treffen: „Ach, der wedelt mit dem Schwanz, der freut sich!", sagen sogar Menschen, die selbst einen wedelnden, aber fixierenden und „stramm stehenden" Hund dabei haben. Vielleicht sagen sie es aus Unwissenheit – oder doch eher aus Unsicherheit? Man wird schließlich schnell angefeindet, wenn der eigene Hund nicht dem Bild des „braven Lieblings" standhält.

Nun, nicht jeder Hund, der wedelt, ist freundlich – und nicht jeder, der dominant oder „aggressiv" wedelt, greift gleich jeden an. Aber so kompliziert ist das Ganze auch nicht. Deshalb hier das Wichtigste über die Funktionen des Wedelns – achten Sie bewusst auf das WIE beim Wedeln und Sie werden Ihren und andere Hunde gleich viel besser einschätzen können:

1. Geruchs-Reiz

Bei Hunden (wie beim Wolf) befindet sich einige Zentimeter unter dem Rutenansatz die Pecaudaldrüse. Sie ist nicht genau erforscht, fest steht aber: Durch Wedeln wird das Drüsensekret in der Luft verbreitet. Je höher die Rute dabei getragen wird, desto mehr Sekret wird an das Umfeld abgegeben. Hohes Wedeln heißt etwa: „Riech mich, denn ich bin sehr wichtig und möchte deine Aufmerksamkeit haben!" Je niedriger die Rute, desto weniger Sekret wird beim Wedeln verteilt. Zieht der Hund die Rute unter den Bauch, zeigt das Unsicherheit oder Angst: „Achte nicht auf mich, ich möchte am liebsten nicht hier sein." Der Geruchsreiz funktioniert immer zusammen mit der folgenden optischen Wirkung.

2. Optischer Reiz

Unter Rudelgenossen bedeutet hohes Wedeln ein sicheres soziales Auftreten mit dem Ziel, den sozial höheren Status erkennbar machen oder dominant zu imponieren – das kann auch mal ein „frecher" Versuch sein (z. B. mit nur erhobener Schwanzspitze oder halb hoher Rute), die eigene Position auszutesten. Im Rudel wird meist ausholender und „entspannter" gewedelt als vor Rudelfremden. Wenn ein Hund sich also WIRKLICH „nur" freut und gleichzeitig seinen Menschen als ranghöher akzeptiert, wird er mit niedrig gehaltener Rute ausholend wedeln.

Über Rudelfremde *freut* sich ein ausgewachsener Hund in der Regel *nicht*! Unter Rudelfremden (z. B. beim Spaziergang) soll hohes Wedeln einem „Eindringling" ins Territorium die erste Verwarnung geben bzw. die Lage ausloten. Je angespannter die Situation, desto starrer (und meist auch höher) wird die Rute gehalten. Das Wedeln ist meist schneller und kürzer als innerhalb des Rudels, manchmal sogar wie ein „Zittern" der Rute. Niedriges Wedeln drückt auch hier Beschwichtigung aus.

Die Rute kann selbstverständlich auch völlig „neutral" gehalten werden und entspannt nach unten hängen. Natürlich gehörten zur Haltung der Rute noch eine Reihe anderer Merkmale, die Auskunft über Stimmung und Absichten eines Hundes geben: Kopf- und Ohrenhaltung (z.B. hoch oder tief), Blickkontakt, Körperhaltung (angespannt oder nicht), Bewegung, Laute usw. Ich bin jedoch davon überzeugt, dass jeder seinen Hund „lesen" lernen kann, wenn er will und genau hinschaut. Sie haben es als Hundehalter umso leichter, je mehr Ihr Hund an verschiedenste fremde Hunde gewöhnt ist und je weniger er diese als „Stressfaktor" sieht.

4.8 Können Hunde lachen?

Natürlich! Wer lange mit Hunden zu tun hat, wird dieses Verhalten bestimmt schon mal entdeckt haben. Ich habe oft den Eindruck, dass unsere Hündin sich gerne von unserem Menschen-Lachen anstecken lässt. Sie steht „grinsend" und hechelnd daneben und scheint sich „mitzufreuen".

Hunde-Lachen ist nicht mit einer Drohgebärde zu verwechseln und sieht etwa so aus: Mit tief gehaltenen Ohren und manchmal gesenktem Kopf werden die Lefzen ganz weit nach hinten gezogen, die

Augen können zu Schlitzen werden und die ganze Pracht der vorderen Zähne wird präsentiert. Besonders bekannt ist das Lachen der Dalmatiner. Man sagt, sie seien die einzigen Hunde, bei der praktisch alle Rassevertreter dieses Verhalten zeigen. Andere Rassen grinsen bzw. lachen ebenfalls, oft aber nicht ganz so ausgeprägt.

Die renommierte Wissenschaftlerin Dorit Feddersen-Petersen sagt: „Wir können eindeutig nachweisen, dass „Lachen“ beim Hund ein genetisch verankertes Merkmal ist und somit unter anderem durch das Zusammenleben mit dem Menschen entstanden sein muss.“

Wie verstehen Hunde unser Lachen?

Der Hundeexperte Jan Nijboer sieht das so: „Viele Menschen meinen, dass das Lachen von unseren Hunden falsch interpretiert wird. Tatsächlich sind die menschlichen Laute beim Lachen sehr vielfältig. Wir produzieren fast alle Geräusche eines potenziellen Beutetieres, vom Gackern der Hühner, Meckern der Ziegen, Muhen der Kühe, Iah-Geschrei der Esel bis hin zum Grunzen der Wildschweine. Aber in der Regel verstehen Hunde das menschliche Lachen gut, denn diese Mimik ist auch unter Hunden bekannt. Sie dient der Entspannung einer Situation, genau wie bei uns. Hunde lachen ähnlich: Die Lefzen werden zurückgezogen, die Zähne sind größtenteils zu sehen und der Hunde hechelt meist dabei. Dieses Hecheln klingt bei genauerem Hinhören ähnlich wie unser viel lauteres Gelächter.“ (Quelle: Hunde verstehen mit Jan Nijboer, Kosmos Verlag)

Noch etwas: Lachen Sie Ihren Hund nicht aus! Viele Hunde merken, wenn man sich über sie lustig macht. Wenn ich schon mal laut über Elly lachen musste, schaute sie mich meist sehr „betroffen“ an – mit hängenden Ohren und Mitleid erregendem Augenaufschlag. Sie konnte wohl nicht nachvollziehen, was mein Gelächter soll. Ich versuche es mir inzwischen zu verkneifen – und lache lieber mit ihr als über sie.

5.Spielen

5.1 Sinn und Zweck von Hundespielen

„Der will nur spielen!“ Diesen Satz kennt jeder Hundehalter. Der bekannte Hundetrainer Martin Rütter druckt ihn sogar als „Schmunzel-Spruch“ auf T-Shirts. Warum? Weil der Satz oft schlicht und einfach nicht stimmt – genauso wenig, wie die Annahme, das Wedeln immer freundlich gemeint ist. Und wenn ein Hund wirklich „nur spielen“ will, hat das immer eine Aussage.

Zeichen für echtes Spiel

Zum echten Spiel gehört natürlich erst einmal, dass einer den anderen auffordert, und dieser den „Vorschlag“ auch annimmt! Wenn nicht, sollte der Aufforderer vom anderen ablassen. Eine Spielaufforderung ist nicht mit „draufstürzen“ zu verwechseln, sondern erfolgt in der Regel aus etwas Abstand. Grundsätzlich werden im Spiel alle Gesten sehr übertrieben und gezeigt und können sich schnell abwechseln, z.B. mit weit geöffnetem Maul herumbalgen, dann loshetzen, hinwerfen, usw. Das sind die sicheren Zeichen dafür, dass es sich tatsächlich um Spiel handelt. Außerdem scheinen die Bewegungen im Spiel lockerer als im Ernstfall, es wird nie echt gebissen, das Fell wird nicht aufgestellt, das Schanzwedeln ist meist „ruhiger“.

Und: Erwachsene Hunde spielen in der Regel nicht mit Fremden, sondern eher mit „befreundeten“ Hunden oder Rudelmitgliedern!

Spielen ist „Üben für des Ernstfall“

Im Spiel werden alle überlebenswichtigen Verhaltensformen geübt und erlernt. Außerdem hat es eine wichtige kommunikative Aufgabe – es klärt die Sozialstruktur einer Gruppe. Spielen hat also IMMER EINEN SINN. Um ein Spiel zu verstehen, lautet die wichtigste Frage:

Welches Spiel treibt hier wer mit wem auf welche Weise?

Wenn wir das erkennen, können wir auch besser auf unseren eigenen Hund reagieren und z.B. viel darüber erfahren, wie ER sich denn innerhalb unseres Rudels so sieht – oder wie wir besser mit ihm spielen, ohne die falsche Botschaft zu vermitteln. Aufschlussreiche Beobachtungen sind:

1. Wer fordert zum Spiel auf? Das geht meist so: Mit tiefem Oberkörper, hochgestelltem Po und evtl. leicht schräg gehaltenem Kopf wird der andere erwartungsvoll angeschaut, evtl. angebellt, die Rute „pendelt“ meist auf halber Höhe.

2. Wer beendet das Spiel? Das ist meist ein einfaches Abwenden und Ignorieren.

Das können wir uns von den Hunden untereinander abgucken: Wer hoch im Rang steht, bestimmt, wann und wie lange gespielt wird. (Hoffentlich sind wir das!)

Beim Spielen entwickelt sich auch die Zusammenarbeit der Partner: Nirgendwo sonst kann man ernste Situationen schon im Vorfeld besser klären und die Qualitäten des anderen so gut einschätzen lernen wie beim Spielen. Welche Qualitäten? Das zeigen die verschiedenen Spielarten. Die folgenden Erläuterungen dazu stammen inhaltlich aus dem Buch „Hunde verstehen“ von Jan Nijboer und beziehen sich auf das Spiel zweier Hunde.

Territorialspiel

Wir kämpfen ums „Revier“ und stellen oder verscheuchen einen Eindringling. Hier stehen sich die Hunde meist frontal gegenüber, manchmal nur auf den Hinterbeinen, Brust an Brust, wie zwei Kämpfer. Dabei wird übertriebener als in anderen Spielen „Aggression“ gezeigt (übertriebenes Knurren, Warnbellen usw.). Die Hunde „beißen“ sich dabei gegenseitig in Nacken und Brust. „Verscheucht“ wird der andere durch „Bisse“ in

Rücken und Po. Oft wird auch kräftig gerempelt, gestoßen oder am Fell gezogen, um den anderen aus dem Gleichgewicht zu bringen.

Jagdspiel

Wir üben den Umgang mit einer „Beute". Das Spiel besteht aus dem Stellen, Festhalten und Flachlegen der vom einen Hund gespielten „Beute". Nach z.B. dem Anschleichen und einer spielerischen Attacke (drauf stürzen, hochscheuchen), könnte eine Verfolgungsjagd im Renngalopp folgen. Oft spielt einer dabei den Flüchtenden (er läuft Zickzack mit tiefer Rute und gekrümmtem Rücken).

Das Spiel kann auch auf der Stelle stattfinden, um die „Beute" zu erlegen bzw. zu „töten": Hier werden oft die Pfoten festgehalten, damit der andere stolpert. Oder: Einer wirft sich hin (spielt Beute), der andere „beißt" in die Kehle. Oft wird mit dem Fang gestoßen, geschnappt und dabei gebellt, um z. B. eine Hetzjagd anzuregen.

Sexualspiel

Wir üben „Nachwuchs zeugen". Zuerst wird meist eine Pfote auf den Rücken des anderen gelegt – oder die Geste wird auf Abstand angedeutet. Am eindeutigsten ist das Aufreiten: Es schränkt den anderen am stärksten in seiner Bewegungsfreiheit ein und ist somit als sehr dominante Geste zu verstehen.

Aufreiten ist oft unter völlig fremden Hunden in sehr ausgeprägter Form zu sehen, wenn unkastrierte Rüden nie „zum Zuge" kommen dürfen und ständig heiße Hündinnen in der Nase haben. „Sozial akzeptabel" bzw. „gesund" ist das eher nicht.

Sozialspiel

Wir üben unser Zusammenleben, das zum Überleben wichtig ist. Alle o.g. Spiele haben auch eine soziale Bedeutung. Dazu gehört immer eine Portion Rangelei: Es wird sich vorgedrängelt, der andere z.B.

mit dem Po abgedrängt usw. In Rangeleispielen wird dominantes und unterwürfiges Verhalten geübt, indem auch die Rollen getauscht werden. Spielerisch ahmen die Hunde Rangordnungskämpfe nach.

Jugendliche dürfen z.B. führende Rollen üben, da die erwachsenen Tiere nicht ewig da sein werden, um das Rudel zu führen. Wichtig: Dieser Rollentausch wird immer erst erlaubt, wenn die Sozialstruktur gefestigt ist. So ist sichergestellt, dass die Rangordnung nicht infrage gestellt wird. Wie schon erwähnt: Man sieht besonders am Anfang und am Ende jedes Spiels, wer die bestimmendste Rolle im Rudel hat.

Vielleicht haben Sie ja Lust bekommen, sich einfach mal an einem Hundetreffpunkt hinzusetzen, und die Spiele der Hunde zu beobachten. Sie werden sicher vieles wiedererkennen!

5.2 So spielen Sie richtig mit Ihrem Hund

Spielen ist die beste Möglichkeit, unserem Hund ohne Aggression etwas beizubringen und die Rangordnung zu klären und zu festigen. Und immer wieder heißt der Rat: Beschäftigen Sie Ihren Hund! Aber wie spielen wir als Mensch richtig mit ihm? Hier also die wichtigsten Punkte.

1. Das sollten Sie immer vermeiden

- Zerrspiele/Streit um Beute (wie Spielzeug, Futterbeutel, Kauknochen)
- Raufen/Kräftemessen, also alle Territorialspiele
- zielloses und wildes Toben

Warum? Weil daraus schnell Ernst werden kann und *wir fast immer den Kürzeren ziehen*, wenn wir uns nur körperlich mit dem Hund messen – bis auf sehr kleine Hunde sind die meisten Tiere uns körperlich weit überlegen. Sie sind immer schneller, wendiger und haben schließlich schärfere Zähne und Krallen.

Bei sehr kleinen Hunden sollten wir sowieso aufpassen, dass wir ihnen nicht wehtun – auch hier machen körperbetonte Spiele keinen Sinn. Denn: Bei allen oben genannten Spielen signalisieren wir dem Hund überhaupt nichts – außer vielleicht, dass wir nichts „drauf" haben. Bei Zerrspielen („Tauziehen") bestärken wir den Hund darin, dass er mit uns diskutieren darf. Territoriale Raufereien und wildes Toben fördern womöglich Grobheit und betonen statt einem Miteinander nur das Gegeneinander. Eigentlich kein Wunder, dass viele Hunde ihrem Menschen nicht wirklich folgen, oder? Umdenken lohnt sich!

2. Richtig spielen mit Köpfchen

Am besten sind immer kontrollierte Jagdspiele auf ein gemeinsames Ziel, das es unter Ihrer Leitung zu erjagen gilt (Apportiergegenstände wie z.B. Futterbeutel). Hier können wir unserer Fantasie freien Lauf lassen, wenn der Hund die Grundlagen einmal gelernt hat.

Wir können Sachen verstecken (Suchspiele), bestimmte Gegenstände apportieren lassen (Sortieren), Hindernislauf mit Apportieren belohnen usw. – wir spielen also immer mit Sinn, und der Hund folgt unserem „Kommando" gern, weil er nur über uns zum Erfolg kommt. So wird er im Alltag ein zuverlässiger Begleiter! Zunächst aber gilt:

Legen Sie die Spielregeln fest

1. Sie und Ihr Hund sollten natürlich erst einmal in die richtige **Stimmung** kommen! Das wird gern unterschätzt, aber Hunde merken sehr genau, wenn wir nur gelangweilt versuchen, unsere „Beschäftigungspflicht" zu erfüllen. Lassen Sie sich darauf ein und haben Sie Spaß daran!

2. **Initiieren Sie das Spiel** und entscheiden Sie, wann das Spiel be-

endet wird. Am besten, wenn es noch Spaß macht, damit es immer etwas Spannendes bleibt.

3. Sobald Ihr Hund Ihnen gegenüber **korrektive Maßnahmen** ergreift, beenden Sie das Spiel emotionslos. (Lernen Sie diese zu erkennen! Z.B. versuchten Nackenstoß, Zähne einsetzen, freches Anbellen, knurren, Sie umklammern etc.). Er wird rasch feststellen, dass Spielen nur möglich ist, wenn er sich angemessen verhält.

4. Spielen Sie mit Ihrem Hund **an einer 5-m Leine**, die Sie am Ende halten oder auch mal ganz schleifen lassen. Damit behalten Sie notfalls auch die Kontrolle, wenn Ihr Hund z.B. versucht, Ihnen den „Stinkefinger" zu zeigen, um seine eigenen Regeln durchzusetzen.

   Er könnte z. B. plötzlich „sehr interessiert" am Boden schnuppern, Sie ignorieren oder woanders hinlaufen wollen. Mit der Leine brauchen Sie nicht hilflos zu rufen und wie „ein Depp" dazustehen. Sie können auf die Leine treten oder ihn zurückzupfen und klarmachen: So, wie ich spiele, oder gar nicht – eine sehr hündische Aussage!

Spielen Sie immer mit Gesten

- **So fordern Sie Ihren Hund auf** und spielen ein bisschen **„Nachlaufen"**: Sie beugen sich (vielleicht sogar mit „Spielgesicht") leicht nach vorn und machen sich etwas kleiner. Deuten Sie so eine „lauern de" Pendelbewegung an, ein wenig von links nach rechts – das ist die Aufforderungsgeste. Jetzt drehen Sie sich plötzlich weg und beginnen zu laufen.

  Wenn Ihr Hund Ihnen nun folgt oder hochspringt, verhindern Sie mittels schneller Wendungen und spielerischem Hüftschwung (anrempeln) immer wieder, dass er Sie überholt (wichtige Botschaft!). SIE dürfen also ruhig ein wenig rempeln. Aber werden Sie niemals zu grob. Wird der Hund zu energisch: abbrechen, später wieder versuchen!

Hier gilt: Spielen Sie immer den Gejagten, nie den Jäger – Sie werden Ihren Hund nicht bekommen und sich in seinen Augen lächerlich machen ... Noch spannender wird dieses Spiel, wenn Sie **einen Gegenstand in der Hand haben** und durch die Spielaufforderung zeigen: „Hey, fang mich doch, ich hab' die Beute!" Ihr Hund sollte sie natürlich zuerst einmal nicht bekommen – sondern erst, wenn die „Beute" auf dem Boden liegt und Sie den Hund schicken.

- Schicken Sie ihn mit **deutlichen Handgesten**, wenn Ihr Hund etwas suchen oder apportieren soll. Zeigen Sie mit der Handfläche in die Richtung des Gegenstands.

- **Versuchen Sie eine kontrollierte Hetzjagd** – daran hat jeder Hund Spaß: Binden Sie eine 1,50 m lange Kordel an den Spielgegenstand. Legen Sie den Hund ins Down (Platz) und den Gegenstand ein Stück weg auf den Boden. Entfernen Sie sich langsam leicht gebeugt vom Hund (Spannungsaufbau).

Ist er voll auf Sie (!) konzentriert, zeigen Sie plötzlich mit der Handgeste deutlich auf den Gegenstand und schleudern diesen an der Kordel immer wieder vom Hund weg. Dabei wird der Hund um Sie herum nach der „Beute" jagen. Er soll anfangs schneller zum Erfolg kommen, später etwas mehr Anstrengung brauchen. Sie können den Hund einmal apportieren lassen; einmal fangen Sie die „Beute" selbst aus der Luft und drehen sich vom Hund weg (evtl. mit Hüftschwung rempeln), um ihn von sich fern zu halten.

Wenn Sie das Spiel beenden oder pausieren wollen, entspannen Sie sich körperlich und packen den Gegenstand weg. Ignorieren Sie sämtliche Versuche Ihres Hundes, Sie weiter zum Spielen aufzufordern.

Bei einem solchen Spiel sind Sie schließlich immer derjenige, der das Geschehen bestimmt und die Kontrolle über die „Beute" behält – also genau das, was wir erreichen wollen. Ihr Hund lernt: Du bist ein super Boss und zeigst mir, was ich tun soll! Beachten Sie: Dieses Spiel ist für den Hund sehr anstrengend – also nicht übertreiben! Wenn Ihr Hund noch nicht apportiert, eignet sich die Hetzjagd übrigens wunderbar, um es ihm beizubringen.

Vielleicht erkennen Sie, wie wichtig die Kleinigkeiten sind, um Ihrem Hund etwas zu vermitteln. Da braucht es keinen bösen Ton, kein sinnloses Herumkommandieren und keine endlosen Machtspielchen. Das Wichtigste haben Sie immer bei sich: Ihre Gesten und Ihre Reaktionen auf den Hund. Gar nicht so schwer, oder?

- Bloch, Günther:
  Der Wolf im Hundepelz, Kosmos Verlag, Stuttgart 2004,
  ISBN: 978-3440101452, www.hundefarm-eifel.de
- Feddersen-Petersen, Dorit:
  Hunde und ihre Menschen, Kosmos Verlag, Stuttgart 2001,
  ISBN: 978-3440088821
  Hundepsychologie, Kosmos Verlag, Stuttgart 2004,
  ISBN: 978-3440097809
- Fennell, Jan:
  Mit Hunden sprechen, Ullstein Verlag, München 2003,
  ISBN: 978-3548364544
  Mit Hunden leben, Ullstein Verlag, Berlin 2005,
  ISBN: 978-3548367545
- McConnell, Patricia B.
  Das andere Ende der Leine, Kynos Verlag, Nerdlen/Daun 2004,
  ISBN: 978-3933228932
- Nijboer, Jan:
  Hunde erziehen mit Natural Dogmanship, Kosmos Verlag,
  Stuttgart 2002, ISBN: 978-3440090213
  Hunde verstehen mit Jan Nijboer, Kosmos Verlag, Stuttgart
  2004, ISBN: 978-3440097267
  Hunde beschäftigen mit Jan Nijboer, Kosmos Verlag, Stuttgart
  2006, ISBN: 978-3440106686, www.natural-dogmanship.de
- Trumler, Eberhard:
  www.gfh-wolfswinkel.de
- Weißgerber, Diana & Nijboer, Jan:
  Welpenschule – Der gemeinsame Weg durchs erste Jahr,
  Holisticvet Verlag, Longuich 2006, ISBN: 978-3980889575
- Ziemen, Erik
  www.canis-kynos.de

Und schließlich ein toller Film, in dem einige der oben genannten Experten mitwirken – meines Erachtens für jeden Hundehalter ein Muss!

- Alef, Petra & Alef, Ralf
  DVD Von der Hand in die Welt – ... das A-Z des Hundes, Paul
  Pietsch Verlage, Stuttgart 2006, ISBN: 978-3613305700